Judgments
and
Misjudgments

# 判断，真与谬

韩婷婷——著

本书创作与出版由"2017年度教育部人文社会科学研究青年基金西部和边疆地区项目"资助（项目批准号：17XJC190001）

机械工业出版社
CHINA MACHINE PRESS

人的判断并不总是正确的。本书的具体内容如下：首先，人有两套思维系统，直觉判断和理性判断，但是人的判断会受到很多因素的影响。其次，人并非天生就可以进行判断，判断与人自我意识的出现有很大的关系。此外，判断与人格和记忆的发展也有很大的关系。最后，本书强调了道德判断的特殊之处，并讲解了影响道德判断的因素。

## 图书在版编目（CIP）数据

判断，真与谬 / 韩婷婷著. —北京：机械工业出版社，2022.6
ISBN 978-7-111-70963-3

I. ①判… Ⅱ. ①韩… Ⅲ. ①判断—研究 Ⅳ. ①B812.22

中国版本图书馆 CIP 数据核字（2022）第 097378 号

机械工业出版社（北京市百万庄大街 22 号　邮政编码 100037）
策划编辑：刘林澍　　　　　责任编辑：刘林澍
责任校对：张亚楠　李　婷　责任印制：任维东
北京圣夫亚美印刷有限公司印刷
2023 年 1 月第 1 版第 1 次印刷
160mm×235mm・13 印张・169 千字
标准书号：ISBN 978-7-111-70963-3
定价：45.00 元

| 电话服务 | 网络服务 |
| --- | --- |
| 客服电话：010-88361066 | 机 工 官 网：www.cmpbook.com |
| 　　　　　010-88379833 | 机 工 官 博：weibo.com/cmp1952 |
| 　　　　　010-68326294 | 金 书 网：www.golden-book.com |
| 封底无防伪标均为盗版 | 机工教育服务网：www.cmpedu.com |

# 前言
## PREFACE

判断并不总是正确的。人们拥有两套思维系统,分别支持直觉判断和理性判断。但人们在判断时会受到诸多因素的影响,本书致力于从多个方面详细阐述为什么人们的判断会发生谬误。

人类并非生来就会做出判断,判断能力的发展与自我意识的出现有密不可分的关系。此外,判断还受人格与记忆的发展影响。人格特征不同的人做出的判断也不尽相同,而人们借助自己深信不疑的记忆做出的判断也不尽可靠。最后,本书强调了道德判断的特殊之处,结合对不同心理学家观点的梳理,论述了道德判断的影响因素。判断是生活中必不可少的,但它其实并不像人们所想象的那么准确。

本书的创作与出版由"2017年度教育部人文社会科学研究青年基金西部和边疆地区项目"资助(项目批准号:17XJC190001)。在该基金的支持下,作者顺利地进行了相关的调研工作,研究结果也进一步拓宽了创作本书的思路与视野,并有利于作者后续的进一步思考与研究,从新的视角进一步探索人类判断的奥秘所在。

# 目　录
## CONTENTS

前言
第 1 部分　人的判断 ……………………………………………… 1
　第 1 章　不同的判断 …………………………………………… 3
　　1.1　系统 1 和系统 2 ……………………………………… 4
　　1.2　资源太有限了！ ……………………………………… 8
　　1.3　每天都在对抗懒惰 …………………………………… 14
　　1.4　不同的启发式 ………………………………………… 22
　　1.5　我们都有点过度自信 ………………………………… 35
　第 2 章　人如何做出判断 ……………………………………… 41
　　2.1　大环境对判断的影响 ………………………………… 42
　　2.2　他人在场都是不好的吗？ …………………………… 47
　　2.3　一点点改变也会影响判断 …………………………… 50
　　2.4　意识到了吗？ ………………………………………… 54
　　2.5　失去与获得，哪个更痛苦？ ………………………… 56
第 2 部分　判断与人的发展 ……………………………………… 63
　第 3 章　判断与感知觉 ………………………………………… 65
　　3.1　感觉都是真实的吗？ ………………………………… 65
　　3.2　站太高会怕，这是不是天生的？ …………………… 73
　第 4 章　判断与自我 …………………………………………… 75

4.1 自我的起源 ························· 75
4.2 "我"到底是谁？ ····················· 79
4.3 "我"是一个好人吗？ ················· 81
4.4 我觉得我很好！ ····················· 86
4.5 我们对自己的认识准确吗？ ············ 88
4.6 他人对我怎么看？ ··················· 89
4.7 美会影响我们对别人的判断 ············ 92
4.8 自己选择真的很棒！ ················· 94

第5章 判断与人格 ························· 96
5.1 天使宝宝与恶魔宝宝 ················· 96
5.2 耿直有什么不好吗？ ················· 98

第6章 判断与记忆 ························ 101
6.1 你能记得多"小"的事？ ·············· 101
6.2 记忆会扭曲吗？ ···················· 104

第7章 判断与情绪 ························ 106
7.1 看懂所有人的情绪 ·················· 107
7.2 不论心情好坏都愿意帮忙 ············ 108
7.3 保持好心情 ························ 112
7.4 受挫的影响 ························ 114

第3部分 道德判断 ························ 119
第8章 道德心理学的几位大家 ············· 121
8.1 让·皮亚杰 ························ 122
8.2 劳伦斯·科尔伯格 ·················· 124
8.3 卡罗尔·吉利根 ···················· 126
8.4 乔纳森·海特 ······················ 127

8.5 库尔特·格雷 …………………………………………… 128

第9章 道德判断很重要 ……………………………………… 131
  9.1 不是好就是坏吗？ …………………………………… 132
  9.2 中立会怎么样？ ……………………………………… 136
  9.3 知道多少很重要 ……………………………………… 139
  9.4 影响判断也影响道德判断 …………………………… 144

第10章 辩证地判断 …………………………………………… 150
  10.1 "非黑即白"还是"此消彼长"？ ………………… 154
  10.2 如何让人辩证？ ……………………………………… 158
  10.3 辩证影响生活的方方面面 …………………………… 161
  10.4 辩证更可能选"都行" ……………………………… 169

参考文献 ………………………………………………………… 175

# 第1部分　人的判断

人生活在世界上，每天都要做无数的判断。你的判断总是正确的吗？我们来做一个简单的实验。

请回答，在图1的两幅图片中，中间的圆圈是一样大的吗？

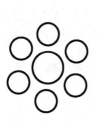 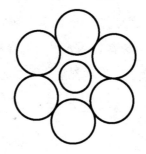

图1　艾宾浩斯错觉

当第一眼看上去的时候，你可能会觉得左边的圆圈比右边的圆圈要大。但是，在你拿出尺子认真去测量后，你会发现两幅图片中间的圆圈是一样大的。为什么会出错？那是因为眼见不一定为真，我们的视觉会欺骗我们。

不论是工作还是学习，总需要人们去做出判断和决策。但是，人的

## 判断，真与谬

判断都是正确的吗？如果时间很短暂，而判断不正确，人们可能会觉得是因为没有认真思考。但当人们真的对一个问题思考良久，进而慎重地做出一个选择时，这样的选择一定正确吗？诸多研究者已经发现，人们并不是总能正确地做出判断。

再来举一个简单的例子。某一天，你早上去买 10 斤（1 斤=500 克）白菜，A 菜场的白菜卖 5 元/斤，B 菜场卖 4.5 元/斤，但是 A 菜场和 B 菜场相距 20 分钟的路程。此刻，你在 A 菜场，你会出发去 B 菜场么？你的回答是马上去吗？如果让我妈妈来选择，她会马上出发去 B 菜场。当然，这个问题少了一个重要的前提，即买菜的人处于哪个年龄段及哪个消费水平。这些都会影响人们的回答。

那么，请继续看另外一个例子。某一天，你早上去买车，A 店卖 120005 元，B 店 120000 元，但是 A 店和 B 店相距 20 分钟的路程，你在 A 店，你会出发去 B 店么？这个时候，大部分人都会选择不去，甚至在上一题中选择去的人也会选择不去。也就是说，即使我妈妈来选择，她也不会去。同样都是节省 5 元钱，这些人的选择为什么不一样？

请接着往下读。

# 第 1 章　不同的判断

行为经济学的创始人、美国普林斯顿大学的心理学家丹尼尔·卡尼曼与斯坦福大学阿莫斯·特沃斯基教授经过长期合作，对决策理论做出了杰出的贡献。通过一系列的研究，他们发现人们在大部分情况下做出的判断是不理性的（卡尼曼，斯洛维奇，特沃斯基，2008）。那么，理性究竟指什么？

从古希腊时代，诸多先哲们就开始探索人类理性的实质。早期，经济学使用"理性人假设"这一概念。从经济学的角度来看，人们的决策是合乎理性的，人们可以充分地按照自己所处的环境和自己获得的线索进行计算、分析，通过精准估计，从而选择最有利于自身利益的方案，以最大化利润或效用（高鸿业，2018；王印红，吴金鹏，2015）。按照这一说法，人是可以做到完全理性的，通过分析选项的好坏，进而做出对自己最好的选择。但是，经济学家的观点常会忽略理性的深层含义。早期，肯尼斯·阿罗对完全理性的说法提出了质疑，在此基础上，他提出了有限理性的概念（bounded rationality）。所谓有限理性，是指人的行为"并不是完全理性的，这种理性是有限的"（王印红，吴金鹏，2015）。到了 20 世纪，心理学家赫伯特·西蒙提出人的行为只能是有限理性的，而有限性则是由于人的心理机制所致（王印红，吴金鹏，2015）。这一解释似乎更加符合现实生活中人们遇到的实际情况。可见，人们面对复杂的环境和问题，所能做出的反应也都是有限的，并不能做到完全的理性。

## 1.1 系统1和系统2

正是由于有限的理性，所以人们在做出判断的时候，会有不同的反应。卡尼曼等人（2008）指出人类有两种不同的思维模式，对应于大脑中的两套思维系统。

系统1指人们无意识的、快速的、不需要太多思考的一种思维模式，是一种直觉判断。系统2指注意力相对集中、需要较长时间、大脑高速运作、人处于认真思考的思维状态，是一种理性判断。系统1与系统2在我们平时的生活中都会使用到，而且几乎随处可见。

现实生活中，人们会使用系统1快速地做出反应。听到巨响，人可以迅速地确定声音是从哪里来的；计算简单的数学题，基本上可以脱口而出；别人脸上是傲娇还是沮丧，是很容易读懂的；开车更是相当自动化的动作技能。我们可以从这些例子看出，这种快速判断的能力，也就是系统1对人们有适应和保护的作用。相比快乐的面孔，人们能够更快地识别出生气的面孔。人类的大脑包含一种机制，这种机制能够优先考虑到不好的消息，提高人类的生存概率，使其得以繁衍。从进化的角度来讲，远古的祖先在狩猎的过程中，碰到凶猛的野兽会快速地做出反应，观察地形，选择高处易防守的位置，并且迅速待命，做好随时战斗的准备。这一系列动作看似复杂，但是已经在长久的日积月累中变成了一种自动化的行为，使得人可以在短暂的时间内完成。对于现代人来讲，也是如此。我们在路上碰到毒蛇，会迅速地躲开。

系统1可以说是人的一种本能性反应，人生来就会规避风险，思维时而快时而慢。只是有的反应是天生的，而有的反应是在长期的实践中积累社会经验而形成的。

系统 1 有时候也会启动系统 2 开始工作。比如，我们正在和朋友谈话，突然听到远处有嘈杂的声音，紧接着听到了一声巨响。然后，又有很多的声音出现。我们开始对此好奇，这个时候系统 2 已经开始加入，我们需要确定究竟发生了什么事情。比如，我们开始询问身边的人发生了什么事情，或者亲自跑过去看个究竟。系统 1 是人的无意识行为，系统 2 启动之后人的注意力就会集中到某件事情上，不过随后又可能转移到别的事情上。比如，当我们搞明白远处的声音是因为要拆掉一家旧商店产生的时，我们的注意力又会回到和朋友的谈话中。当然，系统 1 和系统 2 也会交替地工作，这取决于人们所处的环境和人们的心境。

系统 2 的运作要复杂很多，并且需要人全神贯注。我们也可以举几个例子：读一本侦探小说，循着不同的线索，寻找作案人，这个过程需要读者认真地读，甚至记住某些细节，认真思考才能做出准确的判断。解高数题也是如此，人们需要认真地计算、推演才能得出答案。说出自己的或家人的电话号码，一般情况下都是相当快速的，因为人们已经了然于胸，但是仅仅看一下陌生的电话号码就要背出来，恐怕没有几个人做得到。这需要人们不断复述。开车是一种动作技能，不同于解题这种认知技能，一旦学会开车以后，它会变成近自动化的动作程序，就像一个围棋高手与一个新手对弈，高手几乎可以不假思索地出招制胜。但是，学习开车时，人们需要认真地观察、记忆和操作，才可以慢慢熟练起来。可以看出，在使用系统 2 的时候，人们需要注意力高度集中，一旦走神，人们正在进行的活动就会被打断或终止。

当然，在使用系统 2 的时候，人很难将注意力同时集中在两件事情上。你可能会反驳，因为人有时候明明可以同时做两件事情，如边看电视边织毛衣。但是做这两件事情的时候，你有没有发现自己的视线会来回切换？也就是说，我们的注意力是在两件事情上不停地切换的。也许，你又会说，人可以边骑自行车边打电话。首先，这是有风险的；其次，如果电话里说的事情很重要，那么你的注意力会更多地集中在打电话这件事情上面。假使迎面来了一辆自行车，导致你必须拐弯，你可能又会暂时将注意力集中在骑车这件事情上。也就是说，人即使同时处理两件事情，也必然是一件事情可以自动化处理，而另外一件事情需要人们投入认知处理，也就是需要认真思考。更多的情况下，这两种状态还会来回切换。这说明系统1与系统2并不是独立工作的。通常情况下，系统1可以自主运行，不需要系统2参与或只需要系统2部分参与。而当系统1遇到困难时，系统2就会激活，积极解决问题。系统1与系统2并没有明确的界限，也不是两个真实存在的实体，人们无法找到大脑中与之对应的区域（卡尼曼，2012）。但是，它们代表了人们的不同思维方式。系统1省时省力，只是系统1的使用需要一定的条件，如果不论什么情况下，人们都依靠直觉进行判断，那可能会出错。通常，人们在察觉到系统1解决当前问题存在困难时，会自动启动系统2进行深入思考。因此，有了系统1与系统2的相互配合，人们才可以更好地做出判断，适应现实环境。

人们在依赖系统1做出判断时，会首先设定预期。如果实际的情况与预期是相反的，人们会感到很惊讶。而此时，则会有系统2的参与，进一步重塑系统1的预期，并且从人们自身的经历中寻找解释的原因（卡尼曼，2012）。例如，有人告诉你你家对面的商场挂出了一块巨幅广告牌，当你出门抬头突然看到这个广告牌的时候，你就不会觉得特别惊讶。

请看一个关于系统 1 和系统 2 工作的经典示例。球拍和球共花 1.1 美元，球拍比球贵 1 美元，球多少钱？你可能会脱口而出 0.1 美元，请再认真想一想球是不是 0.1 美元？这个时候你会发现这个答案是错误的，正确的答案应该是 5 美分。研究者在多所学校询问学生这个看起来很简单的问题，不论是排名多高的学校，几乎一半的学生会犯直觉性错误（卡尼曼，2012）。系统 1 积极地发挥了自己的作用，对于这个问题，系统 2 的参与并不困难。只要人们稍微想一想"会有这么简单的问题吗"，甚至只需要瞬间思考，就会发现自己掉入了陷阱。但这个时候系统 2 倾向于接受系统 1 犯的错误，而不会主动去思考是否做错了。这也符合人们的省力原则，而且人们在做出判断的时候，通常会对自己的结论非常自信，过度相信自己的直觉。不过我想你已经掌握了问题的精髓，如果再问一次，你会很快找到问题所在，而且快速地给出准确答案。

系统 1 的判断在有的情况下会很准确。有一项研究让学生们通过观看某位老师的授课录像带，对他的教学质量进行评分。录像带经过了特殊处理，没有声音，而且时长只有 10 秒钟。学生们在看完之后，要凭感觉打出分数。之后，研究者将录像带处理成只有 5 秒钟，学生看完之后的评分与之前的分数并没有显著的差异。研究者将这些评分和上了一学期课的学生做出的评分进行比较，发现两者之间并没有多大的区别。短短数秒的了解与判断竟然会如此准确（格拉德威尔，2011）！

不过，有时候系统 2 的参与也会影响系统 1 的判断准确性。研究者招募了食品专家来对 44 种不同档次的果酱进行评分，依据他们的鉴别，选择了其中从好到坏的 5 种果酱让大学生打分。研究者想知道大学生对于这些果酱的优劣评价是否会与专家一致？结果发现，与专家的排序相比，大学生对于果酱的排序中的第一名与第二名发生了反转，第四名与第五名发生了反转。学生的排序与专家的排序相关性达到了 0.55，相关度是挺高的。研究者又招募了另外一批学生，让他们对果酱排序的同时写下原因。结果这次的排序与专家的排序几乎没有一致性可言。比如，专家认为最好的果酱，学生们将其排在倒数第二（格拉德威尔，2011）。为什么会这样？如果让专家写下原因，那排序是否会发生变化？不会！因为专家是一边品鉴，一边排序，也就是说他是依据一定的原因才将最好的排到第一名。那为什么学生解释的时候，反而比没有解释的时候排序更离谱呢？因为学生解释不了，对于他们而言，直观的感受是更为准确的，那是一种瞬间的、结合了以往诸多经验的、快速做出的"好"或"不好"的判断。但是，当研究者要求他们认真思考的时候，学生不像专家，可以从果酱的色泽、口感、香味等各种复杂的维度进行评分，反而越想越乱。所以，深入思考之后的判断反而没有一开始准确了。看来，对于我们不那么熟悉的事物进行判断时，系统 1 有时候还是很靠谱的。

## 1.2 资源太有限了！

人们的注意资源是有限的，这也在很大程度上影响了人们判断的准确性。更多情况下，人们会自觉主动地将有限的资源用于对自己更重要或更有意义的事情上面。系统 1 的存在，是人类演化出来应对外部世界的自动功能：人们可以毫不费力地做出许多选择。而系统 2 则会在人们处理相对复杂任务时，发挥自己的作用：人们会依据所处的状况，迅速地做出应有的反应。系统 1 与系统 2 都可能出现很多错误。

先来看看系统 1 的判断可能会出现的错误。比如，错觉。当我们不能很好地知觉外界事物的特性时，我们就会产生错觉。

请看图 2，你觉得上面的一条线段和下面的一条线段是否一样长？

图 2　潘佐错觉

请看图 3，你觉得竖着的线段和横着的线索是否一样长？

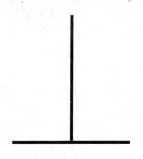

图 3　垂直—中线错觉

理智会告诉你，图 2 中提到的线段一样长，图 3 也是如此。但是，直觉告诉你的结果是一致的吗？图 2 是潘佐错觉（铁轨错觉），图 3 是垂直—中线错觉。如果你拿尺子实际测量，会发现潘佐错觉中间的两条线段是一样长的，垂直—中线错觉中的两条线段的长度也是一样的。但是，它们看上去就是不一样的。

请看图 4，你是否看到了小岛、树、鱼，还有人坐在一艘船里面？这幅画是漫画家古斯塔夫·费尔贝克创作的。但把图倒过来，你会看到完全不同的景象。你会看到一只大鸟嘴里叼着一个老人。通常系统 2 不会对系统 1 所做出的判断有异议，除非你选择换个角度。人的第一反应可能是不对的，但是有时候这很难发现。

图 4　划船的人

除了错觉的影响，人的认知资源也是有限的，系统 2 的判断也可能会出错。

哈佛心理学家西蒙斯做了一个有趣的实验，实验中播放了一个短片《消失的大猩猩》（图 5）。在这个短片中，有两组队员。一组穿着黑色的队服，另一组穿着白色的队服。他们会不停地传递手中的篮球。观看短片的时候，被试需要计算出白衣球队的传球次数。在短片中，会有一只黑猩猩走出来，而且速度很慢，走到中间，还会捶打自己的胸口，然后走出去。当人们观看完短片时，研究者问他们，是否看到了其他的东西。在实验中，有上万人观看了这个短片，但是几乎有一半人的人都没有注意到大猩猩。而看到大猩猩的人，报告的次数也未必是正确的。当第二次观看短片的时候，人们都会指出大猩猩，但是不会注意到最后有一个穿着黑色队服的人走开了（Simons & Christopher, 1999）。这个实验有力地证明了人们的注意资源是有限的，而且人们判断的准确性也受此影响。

图5 《消失的大猩猩》截图（Simons & Christopher，1999）

人们想同时将注意力放在不同的事情上，是很难做到的，因为人的注意范围是有限的。也就是说，人们只能同时对有限的内容进行判断。想想你可不可以左手画圆，右手画方？1871年，耶文斯曾做过一个关于注意范围的实验。他将一把黑豆撒在一个白盘子里，周围都是黑色的背景。只有一部分豆子会落到盘子中，其余的豆子都会掉落到黑色背景上。盘中的豆子静止下来后，他让人们立刻报告盘子里面有多少豆子。耶文斯这样重复了一千多次实验，结果表明：①当盘子里面落了5个豆子的时候，人们的判断较为准确；在9个豆子以内，估计还比较准确，准确率在50%以上；但豆子超过9个的时候，准确率不足50%。②豆子的数量越多，错误估计的范围越大。③豆子较多的时候，人们倾向于得出较小的数字。整合所有的实验，结果证明：在十分之一秒的时间内，成人一般能够注意到8~9个黑色圆点或4~6个彼此不相联系的外文字母（曹日昌，1979）。由此可见，即使达到生理成熟的水平，人的注意资源生来就是有限的。

　　正是由于认知资源的有限性，人们不得不把有限的注意力放在那些特别重要的事情上面，从而忽视了其他自己认为无关紧要的事情。人们能否持续地只注意一件事，与人们的注意稳定性有关。比如，学生在上课时专心听讲，将注意力都集中在与课程有关的事情上面。问题在于，很多情况下人们很投入地注意一件事情，就会忽视其他的事情。在一项实验中，被试充当指导者来指导建筑工人，场景设定在路边。被试开始认真地对建筑工人提出建议，在他们交谈一段时间之后，实验者会安排两个人扛着一块木板，从他们中间穿过，指导者与建筑工人继续交谈一段时间之后，才会停止实验。实验结束之后，被试（指导者）被问是否发现建筑工人变成了另外一个人。大部分的被试均没有发现原来的建筑工人已经与扛着木板的一个研究者进行了对换。这个结果听起来似乎特别不可思议，正在交谈的人已经换成了另外一个人，谈话的人竟然毫无察觉（Simon & Levin，1998）。显然，人们在专注于某一件事情的时候，会对自己身边的其他事情视而不见，判断也难言准确。

　　人们可以有选择性地把注意力集中在某一对象上面。在一项双耳分听实验中，研究者让被试戴着耳机，两只耳朵会分别听到不同的材料，其中一边的材料需要被试大声报告出来，另一边的不需要被试报告。研究者检查发现，被试从不需要报告的那边得到的信息很少。由此可见，人很少会记得自己没有注意的内容（Cherry，1953）。更何况有时候，人会出现注意瞬脱的现象。也就是说，人若一直全神贯注地工作或学习，就会突然出现反应速度变慢的情况。所以，人们本身可用的资源是有限的，当资源接近耗竭的时候，就会影响到人们的日常判断。还有其他因素也会影响人们的注意分配。有一个著名的心理学效应叫"鸡尾酒会效应"。当你在一场鸡尾酒会上正和别人相谈甚欢时,你突然听到有人提到了你的名字,但你为什么突然注意到了这件事?可以看出,人可以有选择地控制自己的注意力,而且会特别注意与自己相关的内容,其中包含自己的姓名,甚至家人、好朋友的姓名(Markus & Kitayama,1991)。所以,即使别人提到的不是你的名字,而是你的家人的名字,你也会很快注意到,并试着去找是谁提到了这个名字。

那是不是可以说,为确保判断的准确性,人只能同时注意一件事情?那也未必!人可以将注意力分配到不同的事情上面。但是,这种分配的一个条件在于同时进行的几种活动是否达到了自动化的程度。比如,行人可以在过马路的时候打电话,也可以在开车的时候看路边的风景。也就是说,人想同时进行几件事情,必然需要同时发挥系统 1 和系统 2 的作用。心理学家尝试让人们在听故事的同时进行加法运算,在实验后要求被试复述出故事的细节。经过比较,当人们只做一件事情的时候,如只做加法运算或只听故事然后复述,成绩都很好。但是,在人们同时听故事和做加法运算的时候,表现就不行了。从该实验的结果可以看出,在同时进行两项活动时,每一项活动的效率都会降低。也就是说,如果人将注意力分配在都需要系统 2 的任务上,这些任务都会容易出错。

从这些实验结果来看,人们难以保证能做出百分之百正确的判断。为什么很多时候人会启动系统 1 去做出判断?因为人的认知资源是有限的,必须学会将有限的时间与精力花在最需要的人和事情上。尤其在不确定的情境下,人们会依赖于系统 1 进行判断,不需要任何意识努力,也不需要耗用有限的心理资源,而是自动化地做出自己的判断。人天生是倾向于省力的。

## 1.3　每天都在对抗懒惰

资源有限是一个前提条件，除此以外，人们选择系统 1 还是系统 2 去做判断与人的动机也有关系。就像一个孩子饿了会去找食物，渴了会去找水喝，某种内在的驱力会推动人们去做一些事情。如果你看过心理学方面的书籍，那你应该知道马斯洛的需求层次理论（Maslow，1968）。人在不同的阶段会有不同的需求，通常来讲，需求分五层。最低层次的需求是生理需求，类似于吃饱喝足等。其次是安全需求，是指人能够感受到所处的环境是安全的，不是充满危险的。再次是归属和爱的需求，是指人会主动去爱别人，并想要获得别人的爱，享受和别人在一起的人际关系。第四层次是尊重的需求，是指人会想要取得成就，获得别人的尊重和认可。第五层次是自我实现的需求，是指充分激活一个人的潜能，实现个人的价值。一般来讲，人需要先去满足最低层次的需求，才有可能去实现更高层次的需求。当然，不排除也有人会在没有满足最低层次需求的时候，仍然去追寻自我价值的实现，先去满足最高层次的需求。不同需求的满足对应了人们不同的动机。比如，一位很饿的路人，遇到一个广告推销员，告诉他只要回答十个问题，就可以拿到一个免费的面包。这个路人会很快回答完问题，心里想的是赶快拿到面包。这十个问题的对错不得而知。人在这种情况下，不会去考虑判断的对错，因为注意力全部集中在满足低层次需求，也就是先解决温饱问题上。但如果推销员要求答对十个问题才可以拿到一个免费的面包，为了获得食物，饥饿的路人就会选择先将注意力集中在答题上。所以，人会选择将有限的资源用于对自己更为有利的那些事物。如此看来，想让系统 2 主动地发挥作用需要人的主动性，需要积极主动的认知投入。

还有一个重要的因素在于，人能够将自己的注意力控制在当前的任务上，也就是有意志力。系统 2 的运作需要人用意志力将自己的注意力都放在手头的工作上，并且能维持较长的时间。而每个人的意志力是不同的。有一个著名的实验叫棉花糖实验，主要针对孩子的自我控制进行了研究（Mischel & Rodriguez, 1989）。孩子们单独被带到一个房间，实验者会让他们坐在一张椅子上，前面的桌上有一个盘子，里头放了一个棉花糖。实验者会告诉孩子，如果他能忍住不吃，十分钟以后会多给一个棉花糖。但如果他忍不住吃了棉花糖，十分钟以后就拿不到第二个。说明要求之后，研究者会离开实验室，通过实验室中安装的摄像头观察孩子们的反应。在实验过程中，孩子们都表现得很想吃掉棉花糖，有的拿起来又放下，有的孩子会拿起来偷偷吃掉棉花糖的一角，也有的孩子会做其他的事情分散自己的注意力。实验结束后，研究者会按照事先说明的，给忍住了的孩子另一个棉花糖，这部分孩子们被研究者认为是自我控制能力较强的，而没有忍住的孩子们拿不到第二个棉花糖，这部分孩子们被认为是自我控制能力较弱的。研究者进一步进行了追踪研究，在实验二十年后，他们发现当年自我控制能力较强的孩子，比自我控制能力较弱的孩子能取得更好的大学成绩，能找到更好的工作，甚至连身材都会更好（Mischel, Shoda, Peake, 1988）。这一研究结果充分地说明，自我控制对人的一生发展都是很重要的。但是，每个人的自我控制能力是不一样的。鲍迈斯特等人（2000）认为自我控制就像我们用手提水一样，会消耗我们的体力，让我们感到疲劳。我们的体力是有限的，而且无论是提水还是搬运东西，都要消耗体力。自我控制也会有损耗。鲍迈斯特有一天晚上回家，觉得肚子很饿，这个时候他的爱人端出来一盘新鲜出炉的点心。于是，他想到了一个实验来测量自我控制的损耗。他选择了很饿的人作为他的实验被试，将这些人分成两组，然后拿出胡萝卜条和巧克力糖放在被试面前。一组被试只准吃胡萝卜条，而不准吃糖；另一组被试则可以随便吃，吃胡萝卜条或吃糖都可以，随后让这些被试都完成一些需要坚持的无关任务，比如在非常多的数字里面找出有规律的序列。其实这些任务甚至都没有标准答案，研究者想知道的是哪一组会在这个任务中坚持的时间更长？结果与预期一致，之前尝试过自我控制的被试更难控制住自己想退出的意愿，会更早地退出这一任务，也就是说只准吃胡萝卜条而不能吃糖的人，因为要一直控制自己想吃糖的意愿，能量有所损耗，所以在之后的任务中会更难坚持下来（Baumeister, Bratslavsky, Muraven, Tice, 1998）。可见，自我控制是一种会被消耗的有限资源，就像我们的体力一样，总量是一定的，会随着损耗而变得越来越少。

既然自我控制对判断如此重要，又如此有限，那么我们面临着两个问题：第一，是否可以增加自我控制的总和？第二，消耗的自我控制力量如何恢复？对于第一个问题，回答是肯定的！自我控制力量的总和是可以增加的，比如，像体育锻炼一样进行有规律的自我控制训练（Muraven, Tice, Baumeister, 1998）。多运动，身体就会更加结实，同理，增加自我控制力量也要依靠有规律的训练。比如，经过有规律的自我控制训练的人（如右利手的人用左手完成写字、吃饭等各种任务）比没有经过自我控制训练的人，两周后在完成数学题等需要自我控制力量的任务上能够取得更好的成绩。也就是说，经过训练的人在做一些需要坚持的任务时会表现得比没有经过训练的人更好。

对于第二个问题，即消耗的自我控制力量是否可以恢复，目前研究者们有不同的解释。一些研究者指出，如同跑步后休息一会儿可以恢复体力，休息也可以恢复自我控制力量（Baumeister, Muraven, Tice, 2000;

Muraven, Tice, Baumeister, 1998)。另外的一些方法是让人们去做开心的事情，保持好的心情。研究者在被试的自我控制力量经过消耗之后，做一些能让被试高兴起来的事情（如送给被试一个他们想要的礼物，或者让他们看一个有趣的电影片断）。结果发现，随后在完成需要损耗自我控制力量的任务时，那些经历了高兴事件的被试取得的成绩要明显好于那些没有经历高兴事件的被试（Tice, Baumeister, Shmueli, Muraven, 2007）。回想一下，你在看完喜欢看的电影之后，是不是可以工作更长的时间？你在饱餐一顿之后，是不是觉得更有动力可以再工作一会？这是同样的道理。也有研究者发现运动是可以使自我控制力量恢复的有效方法。在运动的过程中，人会产生较多的内啡肽和多巴胺，通常30分钟以上的运动会让人产生愉快的感觉，也就是进入越运动越开心的状态。试想通过这样的体验，多做几道题应该没有什么大不了。另一个重要的因素是自由选择，也就是自由意志。社会心理学家兰格教授和学生（2016）做了一个有名的实验。他们挑选了一家养老院，选择了一批年龄跨度为65岁到90岁的老人。他们将其中47位老人选作实验组，告诉这些老人可以自主控制自己的生活，有自由选择的权利。比如，虽然养老院的房间布局是一样的，但是他们可以自己布置房间；他们可以告诉管理员想做什么及希望什么；他们可以选择要或不要给他们准备的植物，如果他们选择了盆栽植物，可以由他们自己来照顾；他们还可以选择在哪天去看电影。另外44位老人作为对照组。养老院会给他们提供一样的房间，只是不需要他们自己去布置，护士会认真地为他们提供帮助；他们每人可以拿到一棵植物，但是不需要自己照顾，会有人来帮他们照顾植物；每周放电影的时间是固定的，会提前通知他们具体的时间。实验一共持续了3周，研究者发现，实验组的老人觉得自己更加快乐，生活也更有活力。通过对护士的访谈也发现，实验组的老人大部分身体状况变得越来越好（93%）；而另一组的老人里面只有少部分身体状态变好（21%）。实验组的老人更喜欢与别人交流，建立良好的人际关系，并且愿意和别人待在一起，也更愿意选择去看电影；而另一组的老人与别人的交流明显要少得多，也不太喜欢去看电影。一年半以后，研究者又回到这个养老院，发现两个组都有一些老人离开了人世，但是明显实验组去世的老人比例（15%）要低于对照组去世的老人比例（30%）。结合一系列研究，兰格教授认为，让人们享有自由选择的权利，可以提高人们对于生活的掌控感，也可以提高他们的生活质量，让他们的生活更加充满活力。兰格教授的实验结果不难理解，在现实生活中犹是如此。人们若自由选择了自己喜欢做的事情，会更愿意在这件事情上投入时间和精力，效率会更高，准确性也可以得到保证。

试想这样的一个场景，在某一个阳光明媚的下午，你打算做完一个企划案。你正在冥思苦想，你的家人问你要不要去看一场你期待已久的电影。于是，你开始纠结是在家完成企划案，还是出去看电影。这个过程毫无疑问地会损耗你的自我控制能量。一味地对抗外界的诱惑，会使人的自我控制力量减弱。如果反其道而行之，也就是说在人们压制一段时间之后，满足人们的欲望，是否可以增强人们的自我控制力量？鲍迈斯特和他的学生加约做了一个实验对这一假设进行了验证。实验者让被试不要去想"白熊"。这个任务可以很好地损耗人们的自我控制能力。因为通常让人们不要想一片雪地上有一只白熊，人们总会不由自主地去想这些画面。这个任务结束之后，实验者会把被试分为两组，一组人可以吃美味的冰激凌奶昔，另一组人不吃任何东西。之后，让所有人去做一项意志力测试。显而易见，吃了冰激凌奶昔的那组人测试的成绩会更好。这一结果有力地证实了偶尔的"放纵"可以让人们的自我控制力量变强。但是，在另一项实验中这一结果受到了冲击。实验者仍然让人们先损耗自我控制力量；接下来，一组被试可以喝一杯难喝得几乎不能算作奶昔的乳制品，另一组被试什么都不喝；最后，所有被试都需要进行意志力测试。结果发现，即使喝的是难喝的饮料，只要喝了饮料，被试的测试成绩就会好于没有喝东西的被试。让人们喝难喝的饮料，这实在难以称得上是让人们"放纵"。那为什么喝了饮料的人的坚持性更高了呢？实验者想到可能是因为喝了东西的人比起没有喝东西的人摄入了更多的葡萄糖，所以提高了之后任务的坚持性，提高了自我控制能力。为了检验这一假设的准确性，实验者设计了如下实验。让被试看一个无声的短片，被试需要解读这个短片中一位女士的肢体语言。在观看的过程中，屏幕上会出现无关的信息，实验者提前告诉被试不要去注意屏幕上面的其他内容，认真对肢体语言进行解读。这个任务会消耗掉人们的自我控制能力。之后，一半的被试喝了加葡萄糖的柠檬汁，另一半被试的柠檬汁中加了代糖。然后，完成需要意志力的任务。结果发现，喝了加葡萄糖的柠檬汁的被试在第二个任务中的成绩要更好。我们再回到那个阳光明媚的下午，最后你和家人商量好，下午先完成企划案，晚上一起看电影。但是，过了一个小时，你有点动摇了，想先去看电影。这个时候或许随便喝点可以补充葡萄糖的东西，能让你更好地坚持到做完企划案。

系统 2 有的时候会高效地发挥自己的作用，提高判断的准确性。清华大学心理学家彭凯平提到过一种高峰体验，也称为"心流"。在这种体验中，人会觉得时光飞逝，沉浸其中，专注于正在从事的任务，而不受外界的任何干扰。经常有高峰体验的人工作效率非常高，而且会觉得做这件事情时自己非常开心，非常愉悦！例如：看一部期待已久、特别好看的电影；喜欢数学的孩子认真解出一道数学题。在心流体验中，人们会专注于一件事情，全部的注意力都在这件事情上，系统 2 在不断地高速运作。

但是人不可能做任何事情都体验到这种愉悦感，很多情况下，人们不想去积极地思考。不停地让大脑高速运转本身会让人觉得不开心，而人们会尽力避免发生这种事情。所以，人们在日常生活中会依赖系统 1 来做出判断。系统 1 促使人们迅速地做出判断，即使是错误的，系统 2 也会采纳这个结果。造成错误有两个原因，一是人们并没认真去思考，二是懒惰。人们没有认真思考，所以会忽视基本的概率事实。尤其是判断的问题中提供了少量的信息，人们会依据这些仅有的线索去做出判断，而不是认真思考去做出判断。比如，一个人在学习英语，你觉得他是英语专业的学生，还是超市收银员？直觉告诉我们，他更有可能是英语专业的学生；系统 2 会告诉我们，两者皆有可能。

人类的大脑每天都会有段时间处于一种懒散的状态。此时，人们的注意力难以集中，判断准确性也会下降。人在一天中会有某一段时间提不起精神。当人缺乏内部驱动力的时候，很难去做一些复杂的事情。而这个时候，判断和行为就容易出错。疲劳是使人犯错的主要因素。人在疲倦的时候，注意力会变得难以集中。即使对于已经自动化的技能，人们在疲劳的时候也会常常犯错。比如，已经连续在高速公路上行驶了 8 个小时的司机，如果没有人与其替换，仍然坚持持续开车是非常危险的。人常常会通过休息来使自己的能力得到恢复。在一个实验中，研究者让第一组人早上练习晚上测验，让第二组人晚上练习早上测验，均是 12 小时后测验；结果发现晚上练习早上测验的那组成绩会好很多。在第二个实验中，第一组人午睡 1 小时后测验，第二组人午睡半小时后测验。结果发现，午睡时间更长的人测验的成绩会更好（Jenkins & Dallenbach, 1924）。你可能会反驳，因为有时候休息之后会不记得休息之前学习的东西，这会影响到测验成绩。其实，你大可不用担心。按照学习的规律，人在睡觉之前学习的内容和刚刚睡醒之后学习的内容，是印象最深刻的。因为学完之后就去睡觉，学习的内容就不会受到后来信息的影响，因而人们会对其印象深刻，也就是说克服了人在学习过程中的后摄抑制（Jenkins & Dallenbach, 1924）。而在睡醒之后学习的内容，不会受到前面信息的影响，也可以说克服了人在学习过程中的前摄抑制（Jenkins & Dallenbach, 1924）。所以，不需要担心睡一觉后，学习的内容全部忘记了，如果真的不记得，只能说明学习并未按照学习规律进行。

那是不是随便休息一下就可以提高人判断的准确性？并非如此！休息需要遵循人体的生物节律进行。同样是休息 8 个小时，晚上 11 点入睡且第二天 7 点起床的人比凌晨 4 点入睡且中午 12 点起床的人要更加有精神、有活力。祖先们常常是日出而作，日落而息的，而现代人很少会严格按照生物节律来安排作息。但也并不是说所有人都需要每天睡够 8 个小时才能完全恢复。有的人可能需要 9 个小时的睡眠才能够完全恢复，有的人可能每天只需要 6 个小时的睡眠就可以。当然，这也可能与遗传有关。睡眠也有自身的生物节律。每一个周期大概持续 90 分钟到 100 分钟，包含了五个不同的阶段（Dement, 1999; Seligman & Yellen, 1987; Mayer, 2013）。在第四个阶段，人会进入深度睡眠，也就是说睡得很香，很难被叫醒。之后，人就会进入快速眼动睡眠阶段，如果有人在身边，那么他会观察到睡觉的人的眼睛在眼睑中快速转动。进入这个阶段就意味着梦的开始。大部分人在早上醒来之后，都会觉得自己晚上没有做梦。而实际上人的一生当中会做大约 100000 个梦。只是，人每天醒来的时候，处于不同的睡眠阶段，所以对梦的记忆可能会变得很模糊，甚至完全不记得。在快速眼动睡眠阶段醒来的人，能够清晰地回忆自己的梦境，而且非常丰富和生动（Aserinsky, 1988; Seligman & Yellen,

1987）。另一个关于睡眠的话题在于，长时间睡眠匮乏，是否可以通过一次性休息十几个小时进行补救？比如，单位最近任务很重，你需要连续加班一个星期，每天睡眠不足 5 个小时，周末回家休息了 12 个小时。你觉得神清气爽，状态完全恢复了。但是，也有很多人即使能够在长期缺乏睡眠之后获得一次长时间的休息，也仍会感觉到非常疲累（Mayer, 2013）。所以，每天按照生物节律作息，能够更好地保证白天大脑正常运作，更不容易犯错！

## 1.4　不同的启发式

由于资源的有限性，人们会优先选择使用系统 1 进行判断。卡尼曼等人（2008）提出在不确定的状况下，人们进行的判断是启发式的。从演化的角度来看，人每天要面对纷繁复杂的信息，这会耗用许多资源，而人的认知能力是有限的，为了更好地生存，人类演化出启发式，使用启发式来处理每天的事务。

卡尼曼和特沃斯基在最初的研究中，认为人在面对不确定的环境时，会采用系统 1 进行判断，并将其称为启发式。具体可以分为 3 种类型：①代表性启发式（representativeness heuristic）：指在评价事物时，人们会根据 A 事物对 B 事物的代表程度来快速判断。例如，事件 A 源于事件 B 的概率是多少？事件 A 属于事件 B 的概率是多少？②易得性启发式（availability heuristic）：指在进行判断时，人们会依据已经存储在脑中的现有案例或容易联想到的案例来进行快速反应（Tversky & Kahneman, 1973）。例如，你觉得被飞机上掉下来的零件砸死的人多，还是被鲨鱼攻击致死的人多？③锚定调整启发式：指当人们处于不确定的状况下,通常会依据某一特定的锚(anchor)来进行判断,并据此调整(Tversky & Kahneman, 1974)。例如,秋天 1 斤(1 斤=500 克)西红柿卖 4 元,你觉得到了冬天大概多少钱能买到 1 斤西红柿?

当人们使用代表性启发式做出判断时,对当前的问题进行判断会依赖于类属。请想象一下这个人:李明明,害羞而内向,善于帮助别人,但对和人沟通没有特别的热情。他喜欢干净整洁,注意细节,不喜欢凌乱。请你从一系列职业名单里面选出他可能的职业,并对这些可能的职业进行排序:工人、IT 行业管理者、中学数学老师、商人、图书管理员或记者。按照代表性启发式的定义,热门选项肯定会有图书管理员,因为这个职业足以代表这段描述的主要特征。但其实人们在使用代表性启发式做出判断的时候,从概率上讲是容易犯错的。仍然考虑上面的这个例子,显而易见,在全部人口中,工人的比例应该是比较大的,图书管理员的比例较小,但是人们选择用代表性启发式来解决问题,不会考虑到概率的问题。研究者发现,当不存在无用的描述,更多地描述与职业有关的内容时,人们会相对准确地做出职业判断;当无用描述越来越多,人们会越来越倾向于用代表性启发式做出判断,而不是依据概率(卡尼曼,2012)。

人们在考虑代表性启发式判断时,也不会考虑样本的规模大小。例如,A 国某一个地区双胞胎的出生率很高,每年大概有 5 对双胞胎出生,50%的概率是龙凤胎;B 国某一地区双胞胎的出生率也很高,每年大概有 50 对双胞胎出生,50%的概率是龙凤胎。在一年中,假使人口普查发现有 20 对龙凤胎,请问你认为他们出生在 A 国的概率和出生在 B 国的概率分别是多少?按照以往研究者的类似实验结果(Kahneman & Tversky, 1972),如果可以搜集所有读者的结果进行统计,我们可能会得到一个差不多相当的数据。人们在解决问题时，并没有去考虑样本规模的问题。人们倾向于遵循"小数定律"（law of small numbers），也就是说不论这个样本规模有多大，都是具有统计学上的显著意义的，因而是具有代表性的。与之相对的"大数定律"则是指，样本量非常大才能高度代表它所属的总体。信奉小数定律的人们相信从一个总体中选择的样本是具有较高的代表性的。或者说人们愿意相信这个样本和总体的本质特征是相似的，即认为小样本也符合大数定律（Kahneman & Tversky, 1972）。就像我们观察了 30 人的样本，发现这个样本中学生的表现都和我们预期的一样，但是客观来讲，如果另外选择 30 人的样本，他们的表现又会是不一样的，从概率上讲有 50%的可能性是不一样的。对于小数定律的信守，会导致人们过度自信。

请回答一个问题：李丽刚刚考取了一所院校的研究生。请预测李丽就读于以下专业的概率（1 表示最有可能就读的专业，5 表示最不可能就读的专业）：英语、数学、计算机、金融、法学、教育学、会计学。在没有其他信息的时候，人们只能依据自己所了解的一般的学校不同专业的招生计划进行判断，按照不同的招生规模进行一个简单的排序。通常这一任务会受到人们所处的不同环境的影响。

如果告诉你，李丽考取该所院校的专业按照招生规模排序为人文社科、金融、法学、计算机、数学及教育学。你的排序就会依据这一顺序发生变化。如果再增加一段描述：李丽智商很高，善于与别人交往；高中时期学习理科；数学成绩很好，语文成绩一般；喜欢钻研，善于思考；喜欢安静地看书，并写一些随笔散文。看完这段描述之后，你可以再次重新排序。这个时候，你的排序是否发生了变化？你可能会将数学排在人文社科的前面，但是要知道从概率上来讲，人文社科仍然应该在第一位，因为人文社科的招生规模是最大的。在完成这一任务的时候，你不仅需要系统1的参与，更需要依赖系统2来认真思考以得出答案。当系统2介入思考的时候，你会发现李丽适合人数少的专业，如数学、计算机，因为"数学成绩很好，喜欢钻研，善于思考"，当然也可以是金融。但是，李丽不太适合人文社科，因为描述中提到她的"语文成绩一般"。然而，这一结论与基础概率无关（卡尼曼，2012）。研究者发现当促使人们去更多地使用系统2时，可以提高回答问题的准确性。实验者要求一半的被试在回答问题的时候鼓着腮帮子，另一半被试要求皱着眉头。皱眉头可以降低被试对于启发式的依赖，促使系统2发挥作用。结果发现，鼓着腮帮子的同学得到的结果与之前无异，更多地依赖于启发式；皱眉头的被试则更多地倾向于考虑基础概率（卡尼曼，2012）。这一结果说明，促使人们去努力思考，必会减少启发式的作用，也可以促使人们更为准确地做出判断。

判断时将样本作为整体代表的倾向很常见。同时，在这一过程中，人会进行校正，而校正也可能有很大的偏差。以有名的"赌徒谬误"为例，当场上久久未出现数字8的时候，人们会期待接下来就应该是数字8。当我们抛硬币的时候，如果很多次都是有字的一面朝上，下一次我们会预估这面很可能会朝下。在实际情境中，这枚硬币也可能竖着卡在地上。也就是说，实际上每次的概率都是一样的。当人们进行了较大的校正，会认为结果会趋向于正确，但是实际上偏差仍然存在，不会消失。而人们使用代表性启发式进行预测的时候，是容易出现错误的。例如，让你参与一次学生的毕业论文答辩，请评价他们现在的学术成就及五年之后的学术成就。而实际上基于现在学生的水平去预测五年之后的发展，本身是非常有限的。这个问题与之前提到的样本的小数定律存在差异，因为人们不知道总体的具体情况。这个时候，人们往往依据身边案例的代表性去预测，可能就会得到极端的判断结果。

在人们的日常学习过程中，也存在使用代表性启发式进行判断的情况。格兰博格等人（1987）在研究中让被试对文章的熟悉性打分，全部学习完文章之后，需要回答"你认为你多大程度上理解了刚刚这篇文章"，从 0%到100%进行评价，0%表示理解程度很低，100%表示完全理解了学习材料。然后，被试需要进行熟悉性评定。结果发现，被试在估计自己是否理解了文章内容时，会依据这篇文章的题目是否熟悉，而不是去认真回忆自己是否理解了这篇文章。这也说明在学习中，人们做出的判断（元理解判断）是有偏差的。还有研究者让被试通读文章，之后对自己的测验成绩进行评定（若回答和这篇文章相关的测试题，你觉得自己在多大程度上能够回答正确？从 0%到 100%进行评价），然后进行学习测试。最后，研究者会让被试填写一份问卷，让他们写出成绩预测的依据。通过对结果的统计分析，研究者发现被试是依据题目的熟悉程度进行判断的。不论是对于学习完每一个段落之后的判断还是学习完整篇文章之后的判断，都依赖于这篇文章的题目是否熟悉（Zhao & Linderholm, 2008）。

人们也会经常使用易得性启发式进行判断。人们会通过自己能想到的案例或某事件发生的容易程度来估计这一事件发生的概率。例如，人们会通过想起自己身边的人患癌症的概率来评估中年人患癌症的风险。又比如，请判断以下词组中哪个事件导致的死亡人数较多：①糖尿病与谋杀；②龙卷风与闪电；③车祸与胃癌。在我的实际经历中，第 1 组中选择谋杀的较多，第 2 组中选择龙卷风的较多，第 3 组中选择车祸的较多。实际上，正确答案应该是糖尿病、闪电和胃癌。这个结果和我们的常识正好完全相反。为什么人们做出这样的选择？如果询问人们是如何想到答案的，人们通常会回答看到过类似的影视作品或看到过相关新闻。但是，媒体往往会偏向于报道突出的、容易引起人们关注的事件，却不一定是大概率发生的事件。在对不确定的事情进行判断的时候，人们往往依据日常生活积累的线索。然而，我们脑海中建构的世界却不一定反映了外部的真实世界。人们对某些事件发生频率的估计会受到自己接触该类事件的次数及自己的切身感受等多种因素的影响。

人们会从记忆中搜寻这类问题的答案，如果寻找的过程既轻松又顺畅，就会认为这些事情发生的概率是很大的。人们可以非常快速地使用易得性启发式得出结论。比如，请将以下的字组成一句通顺的话：绳，朝，蛇，十，被，怕，咬，年，一，井。在回答这个问题时，我们几乎不需要思考就可以迅速得出答案。在易得性启发式的运用中，顺畅性是一个非常关键的因素。施瓦茨等人在研究中发现了一个有趣的现象。他在实验中让一组被试列出 6 个自己果断行事的实例，接下来评价一下自己有多果断；让另一组被试列出 12 个自己果断行事的实例，接下来评价一下自己有多果断。研究者想知道回忆起果断的实例数量和回忆的顺畅性，这两个里面哪一个会影响到人们对自己果断性的评价。从实验的设置可以看出，写出 12 个实例的过程会使这两个影响因素相互排斥，因为人们回忆大都是一开始比较顺利，随着越来越深入，会越来越难想起相关事实。到了最后，好不容易想到第 12 个，这个过程必然会很辛苦。究竟哪个因素起了决定性的作用？研究者发现那些写出 12 个果断实例的人会认为自己没有写出 6 个果断实例的人那么果断。研究者又换了一种测试方法：让一组被试列出 6 个自己不够果断的实例，接下来评价一下自己有多么不果断；让另一组被试列出 12 个自己不够果断的实例，接下来评价一下自己有多么不果断。这个实验的结果很有趣，努力写出 12 个不果断实例的人认为自己比写出 6 个不果断实例的人更加果断。如果无法快速地回想起自己不果断的事迹，那就能说明自己是非常果断的。由此看来，回忆的顺畅性比回忆的数量要重要得多。如果在这个过程中，告诉人们是由于别的因素干扰了你的回忆，会不会有不一样的结果？施瓦茨和同事们在之后的实验中，告诉被试在回忆的过程中会有背景音乐。研究者告诉一些被试背景音乐会对他们的回忆有帮助，告诉另外一些被试背景音乐会干扰他们的回忆。果然，那些得知音乐会影响回忆的被试，无论写出 6 个实例还是 12 个实例，对自己果断性的评价几乎没有差别。也就是说，当人们觉得是其他事物在干扰自己的回忆时，会将回忆流畅与否的原因归于外物：并不是由于自己本身不果断，而是因为背景音乐影响了自己的回忆流畅性。

在做回忆任务的时候，还有研究者试着让被试保持特定的面部表情，比如一些被试在回忆的时候，脸部一直保持微笑，而另外一些被试在回忆的时候保持皱眉。皱眉的动作本身会影响被试回忆的顺畅性，结果和研究者预期的一样。皱眉的被试会更多地认为自己不够果断（卡尼曼，2012）。这是因为情绪会影响人们对信息的提取。

假想一下这样的场景：有一天你去超市排队买东西，超市有三列队伍，我们称之为 A 队、B 队、C 队。你观察了一下，A 队的人比较少，于是你排在 A 队最后一位，过了五分钟，B 队和 C 队人都在变少，但是 A 队好像一直没有变化。于是，你移到 B 队，又过了五分钟，你觉得 B 队也没什么变化，C 队好像移动得最快，于是，你又移动到 C 队。后面的事情你几乎可以猜出来：不管你移到哪个队中，你都会觉得自己所在的队伍最慢。

再假想一下这样的场景：有一天你兴冲冲地打算去把车洗一下，于是驾车去了当地一家特别好的洗车店，全方位地洗了车。但当你把车开出洗车店，开始下雨了。于是，你又发出了灵魂拷问："为什么我一洗车就下雨？为什么倒霉的事情总会发生在我身上？"从概率上来讲，每个人身上都会发生幸运的事情和倒霉的事情，两者的概率都是50%。如果每个人都觉得倒霉的事情总发生在自己身上，那么幸运的事情又会发生在谁身上呢？所以，在你身上会有幸运的事情发生，也会有倒霉的事情发生。回到开头的问题，为什么你总觉得幸运的事情很少在自己身上发生？这是因为当你排队不顺的时候，你总会想起上次排队不顺的时候；洗完车下雨的时候，你总会想起上次洗完车下雨的时候。人们会更多地联想起与现在发生的事情一样的场景，尤其是那些已经发生的同样不太好的事。回忆的流畅性和信息的易得性会使人们对某一件事情发生在自己身上的概率估计出现偏差。

第三种启发式是锚定调整启发式。请试着计算 1×2×3×4×5×6×7×8×9=？你得到的答案是否大于 100？请试着计算 9×8×7×6×5×4×3×2×1=？这次你得到的答案是多少？是否会大于 500？在诸多实验中，计算第一道题得到的答案均会远远小于计算第二道题的答案。心理学家称之为锚定效应。请想象一下以下场景：某一天，你碰到了自己的好朋友，她向你炫耀新买的裙子花了 300 元。过了一会儿，她开始让你看手机里面的照片，里面有她差不多同时买的另一条新裙子，并让你猜这条裙子大概多少钱？我想不管怎么猜，在你心里这个数字应该会在 300 左右。当人们脑海中预先有了一个数值作为参考时，就如同有了一个锚，人们在做判断的时候就会受到这个锚的影响。

有一个有趣的案例。实验者让一些平均任职时间为 15 年的法官看关于一个妇女在某商店盗窃的案例。然后，实验者让这些法官投掷一个骰子。而这个骰子是被专门设置好的，每次的结果除了 3 就是 6，等骰子停下，就会问法官是否会对这名妇女判刑，刑期应该比骰子上的数字长还是短？具体刑期是多久？实验者发现，当骰子的数字是 6 的时候，法官觉得应该判刑 8 个月；当骰子的数字是 3 的时候，法官觉得应该判刑 5 个月（卡尼曼，2012）。商业生活中也经常使用锚定调整启发式。请你想象一下，某超市在星期五的时候会对面包做促销，价格只有平时的 2/3，但是旁边有一个牌子，上面写着：限购 5 袋。你通常会买几袋？假使平时也是一样的价格，但是没有写着限购，这个时候，你又会买几袋？我想这两个数字很可能会不一样。人们会锚定在限购的数字上，有可能会做出不明智的选择。

　　心理学家在锚定效应的基础上提出了锚定调整启发式。也就是说，人们会在锚的基础上不断地进行调整，直到做出最后的判断。但问题在于，你不知道什么时候应该停止调整，全凭自己的感觉。因此，人们的调整往往是不准确的。

　　托马斯等人有一项关于温度的研究。在研究中，一组被试看到电脑屏幕上面出现的问题是：德国每年平均温度是高于 20 摄氏度还是低于 20 摄氏度？另一组被试看到的问题除了数字变成了 5，其他表述均是一样的。之后，屏幕上会出现一些描述季节的词语，让被试尽可能快地识别出看到的词语。研究发现，当看到数字 20 的时候，被试更快地识别出与夏天有关的词语；当看到数字 5 的时候，被试更快地识别出与冬天有关的词语。看到的数字作为锚，可以激发人们脑海中已有的认知图式，与锚相关的图式可以更快地被激活。最后，当被试回答问题的时候，他们就会受到这些词语的影响。当人们锚定数字，并且快速地识别出与之相关的词语时，回答问题则会带有偏向性，导致出现判断偏差。

　　在学习中，人们对于学习效果的判断也会受到锚定调整启发式的影响。而且，人们会锚定于不同的内容。研究者发现，当让被试对自己的成绩进行预测时，被试会锚定以前做该任务的经验。人们也会进行调整，而调整的依据通常是标题是否熟悉，或者对标题是否感兴趣，因而这种调整多半是不充分的（Zhao & Linderholm, 2008）。在另一项研究中，研究者设置了 3 种类型的测试题，即简单题、低难度题和高难度题，难度的高低在于需要推理的程度不同。被试要先读完一些文章，再对自己的成绩进行判断。被试对简单题估计的成绩最高，对低难度题和高难度题估计的分值相对较低。这说明被试依赖题型对成绩进行估计。在对低难度和高难度题进行估计的时候，被试应该进行了调整，但是对比被试取得的实际成绩，这种调整远远不足（Keener, 2011）。在一项研究中，研究者让被试阅读 6 篇文章，学习后问他们："若回答和这篇文章相关的测试题，你觉得自己在多大程度上能够回答正确？"从 0% 到 100% 进行评定，0% 表示不能答对任何一题，100% 表示能答对全部的题。研究者会告诉一组被试"其他人可以答对 95%"，而告诉另一组被试"其他人可以答对 55%"，之后，让被试写出自己的判断值。结果发现，参考数值是 95% 的那一组被试回答的平均值为 75%，而参考数值是 55% 的那一组被试回答的平均值为 65%。为了避免被试受先前知识经验的影响，研究者在进行实验之前，对所有被试测量了与阅读内容有关的知识，发现所有被试的知识水平差不多。这说明人们锚定于研究者给出的参考数值，在此基础上进行了调整，只是这个调整是不充分的（Zhao & Linderholm, 2011）。

　　心理学家对人们在学习判断中使用的锚定调整启发式进行了研究。塞拉（2007）在实验中让被试学习一篇文章，该文包含了 6 个段落。在学习完每个段落之后，以及学习完全部内容之后，被试都会被问："你觉得你对这段文字的理解程度如何？"有的研究者会问被试："若让你回答关于刚刚学习的内容的测试题，你觉得自己多大程度上能够回答正确？"这与刚刚的问题属于不同的学习判断，均是为了检测被试对学习内容的掌握程度如何。此外，在学习开始之前，研究者会对被试有关学习内容的先验知识进行测试，以确保所有被试在学习之前的基础是差不多的。研究者发现不管学习的文章是用多媒体呈现还是使用单独的文本呈现，被试读完之后都会过高地估计自己对文章的掌握程度。比如，一个人觉得自己已经学会了80%，如果要完成测试题，他觉得自己可以拿到80分，但是实际上真正答题的时候，只拿到了50分。之后，研究者采用了两种不同的方式来呈现学习内容，第一组人学习的材料是用照片结合文本的方式呈现的；第二组人学习的材料是用图片结合文本的方式呈现的；第三组人学习的材料是只用文本呈现的。结果发现，不管使用哪种方式呈现，被试都会觉得自己掌握得挺好，但是实际测验成绩说明他们远远不像自己想象的那样可以拿到高分。还有一个有趣的发现是，照片加文本及图片加文本的两组被试对自己掌握程度的估计值要高于只学习文本的那组被试。实验中，采用不同的多媒体呈现方式并没有影响到人们的判断。只要不是单独的文本呈现内容，学习完之后，被试都会觉得自己掌握得好一点。比起只学习文本资料，采用多媒体呈现方式学习的被试更容易高估自己对内容的掌握程度（Serra，2010）。我们将其称为"多媒体优势信念"。其实，它也是一种启发式，而且属于锚定调整启发式。人们在学习一段资料的时候，会因为一开始很难懂而下一个结论，认为自己学得不好。之后，他们会不停地调整这个判断值，这个时候人们做出的学习判断是一个锚定调整的过程（Zhao & Linderholm，2008）。

那么，如何降低这种启发式对人们判断的影响呢？首先需要区分锚的来源。会影响到人们判断的锚，无外乎来自内部或外部，即自我提供的锚与外部提供的锚（Epley & Gilovich，2005）。比如，人们学习一段关于"地球为什么适合生存"的文章，在学习之前，人们就会对自己的能力有一个估计，在之后的学习判断时，会依赖这个估计值。如果让人们学习一段关于"土星为什么不适合生存"的文章，而人们又觉得自己以前对土星了解甚少，在之后的判断中也会依赖这个估计值。这个关于自己能力的估计值就称为自我提供的锚。外部提供的锚则是指依赖于外界提供的一个数值进行估计。比如，上文中提到的告诉被试其他人的报告值是多少，这个值同样会影响被试的判断，但是这个值是外界提供的。按照以往的研究，我们提到的多媒体优势信念应该属于外部提供的锚，因为它不是学习者自己产生的，而是因学习内容不同的呈现方式影响人们的判断。

研究者邀请学生做一个机智问答游戏。做对一道题可以得到 1 美元。被试会被分为两组，一组被试的题下面附有答案，另一组被试的题下面没有答案。做完题之后会对答案，然后研究者告诉被试即将进行第二轮机智问答。这次所有的被试都没有答案。第一轮做完之后，研究者会让被试预测第二轮可以答对多少题。在做完第一轮时，第一组被试明显比第二组被试答对了更多的题，同时也估计他们能够答对更多第二轮的题。而实际上，两组人在第二轮答对的题平均都是 5 道。第一轮成绩比较好会让被试产生自己本来就很厉害的错觉，而这也变成了一个锚，会误导被试，让他们过高地估计了自己的能力。在另一项实验里面，研究者使用了外部的锚。在所有被试答完题之后，研究者会给被试一张有名字和成绩的证书，并且告诉被试成绩高于平均值才能拿到证书，实际上每个组有一半的人可以拿到证书，证书分配是随机的。之后，被试仍然需要对第二轮的机智问答成绩进行预测。结果发现，有答案的被试第一轮的实际成绩和对第二轮成绩的预测都要高于没有答案的那一组被试,并且有答案的那一组中,有证书的被试对自己第二轮成绩的预测更高。但是,证书对于没有答案那一组的被试来说没有起到什么作用。该实验中,外部的锚作用有限,被试主要依赖内部的锚对之后的成绩做出预测。

如何去降低锚定调整启发式对判断的影响?在经济学领域,已经有一些研究取得了不错的成绩(Epley & Gilovich, 2005),比如给学习者经济刺激。类似于告诉人们,如果你的学习判断比较准确,就会得到一些金钱(具体额度依据实际情况而定)。另一个方法是预先警告,类似于提前告诉人们,学习的时候要认真评价自己对于学习内容的掌握程度,不要受到其他因素的干扰。这两种方法均被证实是有效的。我们在一项研究中,采用了多媒体呈现方式(图片结合文本),被试随机地分成两组进行学习,一组为警告组,另一组为无警告组。警告组的被试在学习之前,会看到屏幕上面有一段话:已有研究发现,人们的判断容易受到各种信念的影响,请你认真进行学习,并对自己的理解程度进行认真判断。看完这段话之后,被试需要完成一道选择题:"科学研究表明的结论包括:1.图表的呈现并不会对我们的理解产生作用,只是我们误以为有这样的作用;2.图表的呈现可以促进我们对文本的理解。"无警告组的被试学习的时候,也需要完成同样的选择题,然后直接进入学习阶段。看了警告提示的被试更多地选择选项 1,没有看到警告的被试更多地选择选项 2。通过对两组被试的选择进行统计分析,研究者发现两组的选择差异性是显著的,这说明之前的警告操作是有效的。接下来,两组被试的阅读流程是一样的。他们分别阅读每一段文字,阅读完之后进行学习判断,在学习任务完成后,也要进行整体的学习判断。最后,他们需要完成学习测试题。研究者对被试学习判断进行统计后发现,警告组不论是学习完每段文字之后的判断还是学习完全内容之后的判断都会比没有警告的那组被试更低，虽然两组被试仍然都会过高地估计自己对于学习内容的掌握程度，也就是说警告会在一定程度上让人们的判断向正确的方向进行调整（韩婷婷，喻丰，陈琼，赵俊峰，2022）。也就是说，预先的警告可以在某种程度上降低人们的判断偏差。

系统 1 理解问题的方式就是尽可能地相信看到的是真的，但是如果一开始的锚偏离正确值太远，那么在系统 1 的引导下就会产生一系列的系统性偏差，但是这种偏差反而会让我们更容易相信自己的判断是正确的。锚定调整启发式或许能够更好地让我们看到系统 1 与系统 2 之间的配合。系统 1 依赖于锚定的值，自动且无意识地做出反应，即使经过调整后由系统 2 做出最后的选择，但是系统 2 通常不会关注到系统 1 受到的影响。因此，人们知道最后的结果是已经往正确方向调整之后得到的，所以对最后的结果毫不怀疑，而这种毫不怀疑正是使人们的判断产生偏差的原因。

## 1.5 我们都有点过度自信

卡尼曼（2012）早期在部队时，曾受邀对士兵进行测评。为此，他设计了一项任务，采用"无领导小组"的方式进行测量。这项任务需要在障碍训练场上进行，参与测评的 8 位士兵彼此并不认识，也没有做任何的标记。大家身穿同样的服装，每个人贴一个数字作为标签以示区分。他们的任务是将一根原木拖过一面墙，所有 8 个人都需要翻过这面墙，在这个过程中，原木不能碰到地面，也不能碰到墙，人也不能碰到墙面。如果违反了任何一项规定，那么所有的人都需要重新进行一次。研究者需要做的就是观察及记录这 8 个人在执行任务时的表现，并依据这些观察对他们进行打分。研究者发现在执行任务的过程中，有的人会表现得特别理智，愿意思考和出主意，有的人会比较愿意听从别人的安排，有的人表现得无所事事，也有的人会打退堂鼓。在几次类似的测试之后，研究者会对所有人的领导能力等进行评定，并预测他们之后的行为和表现。之后，士兵们进入学校开始进行训练，每隔一段时间，研究者会就这些士兵的表现询问他们的教官，结果发现之前对士兵的预测几乎可以忽略不计，毫无准确性可言。卡尼曼（2012）提出，人们在进行判断的时候往往会过度自信，认为自己的判断和预测是非常准确的，但实际上并不尽然。

　　心理学家曾经做过一个有趣的实验，在一间房子的天花板上固定两根绳子，两根绳子间隔一段距离，保证人们一手拿着一根绳子的时候是够不到另一根绳子的。参加实验的被试需要想办法将两根绳子系在一起。房子里面也放了其他的一些家具和工具等可以随意使用。你能想到几种办法？其实，总共有 4 种方法，其中 3 种都需要借用外物。第一种，先借用外物将一根固定，再去拉另一根；第二种，先借用外物将一根接长，再去拉另一根；第三种，先拉着一根，借用外物（比如衣架、棍子之类的东西）够到另一根。而第四种方法很少人能想到。研究者会让被试休息一下，然后装作不经意地碰到了窗户边的一根绳子，让它摆动起来。在这一操作之后，很多被试都会想到，先让一根绳子像钟摆一样动起来，然后再够另一根绳子。有趣的是人们的事后解释。当研究者询问被试是如何想到这种方法的时，有的被试会提到自己曾经在物理课上学过类似的知识；有的被试甚至还想象到了猴子在绳子上嬉戏，晃到河对面的画面。其实，人们只是在潜意识层面接受了研究者的提示，但是人们并不会这么去想——我们对于自己的判断真的有点过度自信。

人们有时候可能也会怀疑自己的判断，但往往又觉得自己做出的判断是有依据的，是有证可循的，因而才会对自己的判断过度自信，但实际上，判断也可能存在很大的偏差。菲利普·泰特洛克在《狐狸与刺猬：专家的政治判断》一书中讲到了许多专家的预测现象。他采访了200多位专家，让他们对将来发生的一些事情进行概率估计，这些事情有些是专家擅长的，有些是这些专家的研究领域未曾涉及的。结果发现，即使在专家擅长的领域里对某些事情进行预测，专家的预测结果也并未比非专业人士好很多。曾经有一位经济学家奥利·阿申菲尔特，对葡萄酒情有独钟。他想要通过一系列的计算来预测某地葡萄酒的价值。葡萄酒的酿造过程与温度有很大的关系，夏季如果温暖干燥会酿出最好的葡萄酒。阿申菲尔特依据 3 个因素：夏天葡萄生长期的平均温度、普通丰收季节的降水量及去年冬天的总降水量来估计葡萄酒的特点及年代。将这些因素代入数学公式进行计算，得到的数据几乎可以准确地预测葡萄酒的期货价值（卡尼曼，2012）。为什么专家的预测没有简单的运算预测力好？可能的一个原因是，专家在预测的时候考虑的因素太多。当综合考虑的事情太多的时候，人们的最初判断就会发生变化，导致最后反而越来越不准确，几乎和盲猜无异。这似乎也告诉我们，如果情形很不明朗，我们无法做出准确的判断，最简单的方法就是采用一套明确的规则来进行计算。曾经在一所医院中，内科医生和接生医生一直按照自己的临床经验快速判断新生儿的情况，一旦估计错误，就会错过救治婴儿的最佳时机。一天，两位医生在谈话，其中一位询问另一位如何对新生儿进行系统的评估。被问的医生回答了 5 个变量，并给每个变量进行了赋值（0、1、2）。这 5 个变量包含心率、呼吸、反应、肌肉强度及颜色。马上，他意识到可以用这个方法得出的数字快速地对新生儿的情况做出判断：当得分在 8 分以上时，新生儿是一个很健康的孩子；

当得分低于 4 分时，新生儿需要马上救治。按照这样的分数估计，更多的孩子得到了及时的救治（卡尼曼，2012）。因此，如果要降低人的过高自信，使用简单的计算确实是一个很有效的办法。

　　以上的内容会让我们产生一种感觉：专家的判断也不可靠。如果你会这么想，那还是系统 1 快速地让你下了一个结论。你有没有听过一个关于男孩雕像的故事？纽约一家博物馆急需引进一批文物来彰显自己的实力。机缘巧合，博物馆的负责人得知一位经销商那里有一尊公元前 6 世纪的古希腊少年雕像，保存完整。实际上，如今已很难找到时代这么久远还保存如此完好的雕像了。博物馆的负责人对此事非常谨慎，他们将雕像借来，找了地质学家进行样本分析，历经 14 个月的调查，结果显示，这尊雕像是真的。博物馆的负责人一致同意买下这尊少年雕像，并对其大肆宣传，邀请诸多的艺术家来参观。结果有一些观众一眼看到雕像的时候，竟然觉得雕像很新。博物馆的负责人马上请来最资深的雕塑专家对少年雕像进行鉴定。不少专家只看一眼，就觉得这雕像有问题，但是又说不出来哪里有问题。随着对雕像的来源和相关信件的调查结果，事实证明这雕像确实是仿造的。地质学家的样本分析之所以出错，是因为雕像经过了特殊的处理。专家们脑海里已经存储了诸多的案例和相关经验，当他们第一眼看到这尊少年雕像，这种与已有的相关印象的不和谐，第一时间就会让人们产生疑问。专家在对自己拿手的领域进行专业判断时，会比新手快很多，也准确很多。象棋专家和一个象棋新手下棋，专家几乎扫一眼棋局就能想到后面几步棋要落在哪里。可见，在系统 1 参与的判断中，专家比起新手判断更为准确。

　　教育心理学家发现，学习者在进行学习判断时，同样存在过度自信的问题。人们有时候学习一篇文章之后，对整篇文章的理解程度进行估计，这本来需要系统 2 的积极参与，但是往往由系统 1 来完成。这个时候，人们可能不会仔细去思考刚刚自己读了什么，还记得哪些，反而会重新翻到第一页，看看题目究竟是什么。感觉题目挺熟悉的，因而会过度自信，做出较高的学习判断（Zhao & Linderholm，2008）。也有一些办法可以降低人们的这种过度自信。比如，研究者要求人们在学习完之后，自由回忆一遍学习内容，或者要求人们将刚刚学习的内容用一个框架图画下来，还有研究者会要求人们将刚刚学习的内容重新读一遍。不管采用哪种方式，都是为了促使学习的人认真去思考掌握得到底怎么样，也就是说，更好地激活系统 2，而不是仅仅依赖系统 1 快速地依据外部信息做出不正确的学习判断。

人们为什么会过度自信？系统 1 可以快速地发挥作用，让人们一闪而过地找到与当前问题相关联的线索，而无须仔细思考。人们在对别人进行判断时也可能觉得自己的判断始终是一致的。这种轻松和证据一致的感觉，会让人们对自己的判断充满信心，虽然这经常会导致人们犯错。在一项阅读理解的研究中，研究者将被试分为两组，两组被试阅读之前所拥有的与材料相关的背景知识相差无几。一组被试学习流畅的教学短片，另一组被试学习不流畅的教学短片，材料的内容是完全一样的，只有流畅性不一样。结果发现，观看流畅短片后，被试认为自己学会的知识更多，并且认为短片中的教学是更加有效的（Carpenter，Wilford，Kornell，Mullaney，2013）。被试仅仅是因为学习内容的流畅性不同，就做出了不一样的学习判断。当学习时的体验比较流畅，人们就会觉得自己理解得更好一些。而通常，基于这样的线索去判断，会导致人们过高估计自己的掌握程度，也就是对自己的判断过度自信。

而人们之所以坚信自己的判断始终如一，有时候是由于光环效应引起的。光环效应是指人们一旦对人或物形成了某种印象，就会放大这种感受。例如，你觉得自己的好朋友性格很好，可能就会觉得她什么都好，有能力，长得好看，甚至觉得她唱歌也一定会很好听。当你认识的某个人样样都好的时候，你突然发现她的字写得很丑，这或许会让你觉得不可思议。因为一致性的判断会让你产生一个预期，这么出色的人字一定也写得很好看。而光环效应有时候也会让你对他人产生负面印象。因为当你对一个人形成了不好的印象时，你会觉得他样样都不好，从概率上来讲，这是不可能的，因此会低估他真正的能力。

而系统 2 在工作的时候，人们也会过度自信，那是由于人们在回忆的时候，倾向于将过去错误的判断认为是正确的。而且，人们还对这种错误判断确信不疑。唐宁等人（1990）让被试先去访谈一些学生，可以询问这些学生的生活、爱好等任何他们觉得有用的东西。然后，他们让被试猜测学生在一系列问题上的回答，比如："你是打算自己独立准备一次很难的考试还是打算和同学一起准备？"并请被试写下他自己对答案的确信程度。结果发现，被试回答的准确率高于一般水平（50%），但是也低于他们所认为的 73% 的确信程度。而且，越是自信的人越有可能会过度自信。

## 第2章 人如何做出判断

请认真看图 6，非常快速地读出这两个单词。这不是什么难事。肉眼可见，这两个单词中间的字母形状是一模一样的，但是在第一个单词里面，我们会主动地把它加工为"H"；在第二个单词里面，我们会主动地把它加工为"A"。因为这个字母两边的字母不一样，即使是很小的不同也会影响我们的知觉和判断。

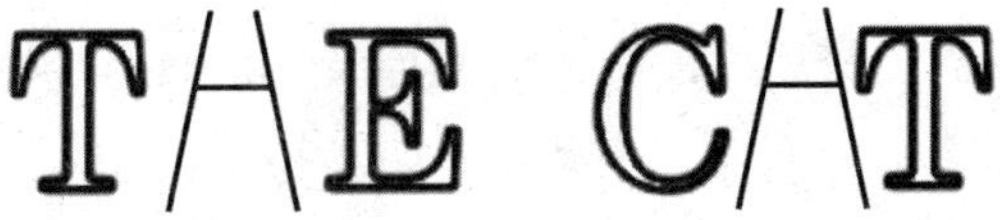

TAE CAT

图 6　双歧字母

人们知觉世界的方式很有趣。人们的判断会受环境的影响，从上面的例子可以看出，即使是字母所处的"环境"不同也会影响到人们的判断和知觉。

那么，更大的环境是否对人的判断有更大的影响？当你周围的人都和你观点不一样时，你是否可以承受得住压力，坚持你自己的选择呢？有几个人的时候，你会一直坚持自己的想法吗？可能有的时候，你还没有意识到，就已经从众了。如果权威者命令你做某件事情，但是可能会对别人造成伤害，你会不会屈服呢？如果以上你都回答"会"，那么是不是一个人做判断会更准确些？但有时候别人在场会使我们有一个参照框架，更便于我们快速做出决策。

## 2.1 大环境对判断的影响

环境的压力会让人做出反常的判断和行为。不知道你有没有看过电影《斯坦福监狱实验》，这部电影是依据一项真实的实验改编的。这项实验是由菲利普·津巴多教授在 20 世纪 70 年代于斯坦福大学进行的。这一实验突出反映了人性在环境中的变化。由于情况愈演愈烈，实验还没有结束就被叫停了，在当时也争议颇多。实验者使用抛掷硬币的方式，决定其中的一部分学生充当警察，另一部分学生充当囚犯。实验者告诉所有的人，他们即将参加一项实验。该实验会将所有的人分为两个组，一组人会领到"警察"的制服和其他装备，而另一组人会领到"囚犯"的衣服。在实验开始前，实验者会收走学生的其他物品，封闭性地进行实验。实验者会通过摄像头对实验过程进行监控。在实验初期，大家都充满好奇，觉得很有趣。实验者会要求充当"警察"的学生像"警察"一样巡逻、制定规则，命令"囚犯"们按照规则行事。过了一天，双方都开始进入角色。过了几天，充当"警察"的学生变得越来越像真的"警察"，而充当"囚犯"的学生也越来越像真的"囚犯"。实验中的"警察"开始制定严酷的规则，并命令"囚犯"按照他们的指示行事，比如面墙而立，排队接受检查。"囚犯"开始变得愤怒、崩溃，想要造反。第六天，实验者发现学生们越来越反常，不得不提前结束了这个原计划为期两周的实验。在电影中，我们可以直观地看到充当"警察"的学生会开始虐待"囚犯"，不允许他们穿衣服，对他们进行体罚。电影无疑会夸张地表现，对观众更加具有冲击力。这项真实的实验揭示出，不同的环境对人们产生不同的影响。是环境将人变得更加暴力，而不是人们将环境变得更加暴力。这项实验结果可谓震撼人心！而它之所以饱受争议，主要是因为该实验对参加实验的学生的心理造成了很大的影响。因此，诸多研究者认为实验操作违背了实验伦理原则。尽管如此，斯坦福监狱实验对社会心理学研究确实产生了很大的启示，直接揭示出人在不同的环境中会做出和日常生活中完全不一样的判断，进而指导人们做出不一样的选择和反应。当实验者对参加实验的学生有指示的时候，在这种强烈的环境压力下，他们会义无反顾地去执行看起来特别不可思议的指令。

继津巴多的斯坦福监狱实验之后，米尔格拉姆（Milgram，1965）在耶鲁大学做了服从实验，该实验同样是社会心理学历史上著名的实验，同样因实验伦理问题颇有争议。实验者都穿着白大褂，分外严肃。他们向学生解释，该实验是为了考察体罚对学习的影响。学生被告知，每组实验需要两名学生同时参加。全部学生会被分为两组，一组学生依次进入研究者所在的房间，充当老师的角色，另一组学生进入另一个房间充当学生。"学生"需要坐在一张桌子的显示器前，显示器上会出现很多题目。"学生"得到的实验指示：请认真学习并回答显示器上出现的题目。充当"老师"的学生需要教"学生"学习，并且会看到"学生"的答案。当"学生"回答正确的时候，"老师"不采取任何动作；当"学生"回答错误的时候，"老师"会按下手边的按钮，而这个按钮通过电线与隔壁房间"学生"的胳膊连接在一起，每当按键的时候，"学生"就会被电击一下，并且电击的强度会逐渐增加。学生明白了实验过程之后，会抽签决定角色。每位学生进来的时候就会看到一位年长的"志愿者"，抽签之后学生会抽到"老师"的角色，而"志愿者"抽到"学生"的角色。在实验开始之后，随着电击的强度逐渐增加，"老师"会听到"学生"开始哼哼、哭泣，最后开始大哭。在这个过程中，充当"老师"的学生会于心不忍。"学生"如果不回答，仍会被视作回答错误。只要"学生"做错题，实验者就会一直要求"老师"按下按钮实施电击。"老师"前面的电击装置上面，标明了"轻微""强电击""危险：高强电击"等字样。如果你是老师的角色，你会进行到什么程度？实验前，人们都认为自己大约在电压增至 135 伏之后不会继续按键。而在实际参加实验的时候，甚至有人按下 450 伏的电击。几乎所有的被试均按照实验者的要求完成了实验。或许你还在思考如此之高的电压下，会有多少人丧命。实际上只有实验者旁边的学生是真实的被试，另一个房间的"学生"只是实验者安排的假被试，所以并没有真正电击学生，只是让被试听到录音带，以为对面真的在实施电击。只是，许多被试在实验中仍然会感觉到紧张、流汗、颤抖，即使实验结束之后也久久未能平静。这一实验在当时引起了轩然大波，因为它尤为直观地说明了环境对人们判断和选择的影响。可能一个特别善良的人，平时在路边看到流浪猫都会心生怜悯之心，会给它喂食，为它包扎伤口，但是身处强压的环境之中时，也会屈服于别人的命令，做出不得已的选择。

你或许会觉得如果不是在这么高压的环境之下，人应该能够准确地做出判断，而不太会受到别人的影响。那么，请试想这样一个场景：你坐在一桌人中间，你们一起看桌子上的两个苹果，它们一个大一个小，这是毫无疑问的，但是所有人都说这两个苹果一样大，你会怎么想呢？你可能坐在那里，对自己进行灵魂拷问："我是谁？这是哪？我为什么在这里？"在阿希（Asch，1955）经典的从众实验中，被试也经历了这样的自我怀疑。实验者会通知被试，有 7 个人会一起进行实验。于是，参加实验的人被带到一个房间，等他们进去的时候，房间里面已经有很多人在等着，被试找到中间的一个空位置坐下。在电脑屏幕上面会出现两幅图片，左边的图片上面有一条线段，称为标准线段。右边的图片上面有 A、B、C 三条线段，肉眼可见右边的 B 线段与标准线段一样长。

被试的任务就是回答出右边图片中哪条线段与标准线段一样长。在实验者第一次提问的时间，被试脱口而出线段 B，但是这个时候被试身边的人竟然都说线段 A。接下来，实验者还会问同样的问题，大家都陆陆续续地给出答案。大部分被试思考之后，最终都会选择和别人一样的答案。从众现象在日常生活中经常发生。有这样一个有趣的实验：在一座写字楼的电梯间，事先安排了几位"同伙"，等到一位随机的路人走进电梯，实验开始。几位"同伙"一起背对着电梯门，通过电梯里面的摄像头，研究者看到电梯里面的人开始慢慢也背对着电梯门，在这个过程中，被试还看了看自己的手表来掩饰自己想转身的意图，虽然他满脸都是疑惑的表情。在另一组实验中，被试先进入电梯，然后实验者分别进来了。过了一会，几位"同伙"开始向左转，这个时候被试也开始向左转。你可以想象，被试的从众速度会越来越快，与其他人的步调越来越一致。你也许会觉得这太不可思议了，如果自己参加实验，肯定不会这样。或许，你会觉得是样本有偏差，才会有这样的结果。其实，这样的现象很常见，而且真的可能会发生在任何一个人身上。

人们或许会认为，如果周围的人没有那么多，也就是说没有那么多的假被试，判断的准确性就会高一些。谢里夫（Sherif，1935，1937）在实验中对这一假设进行了验证，但是结果如出一辙。研究者让被试坐在一个黑暗的房间里，在距离被试 4.5 米的地方有一个光点，过了一会，这个光点动了起来，最后会消失不见。然后，研究者要求被试回答这个光点移动的距离。不论被试回答多少，实验者都会再次重复一遍实验，然后让被试继续回答。随着实验次数的增加，被试的回答会越来越准确。第二天，有其他两名同样参加过实验的被试一同参加实验。实验程序与前一天一样，等光点消失后，另外两名被试分别说出了两个不同的答案。这个时候，如果你是第三名被试，你会怎么说？到了第四天，实验者发现三名被试的回答趋向于相同。也就是三个人的答案都趋向于居中的数值。人们在判断的时候，真的很容易受到别人的影响。

有多少人在周围时人们的判断更容易受到影响呢？有没有确切的数字？阿希做线段比较实验的时候曾经关注了这个问题。他将假被试的数目从 2 到 12 分别进行了测试。结果发现，假被试有 2 个人时，人们从众的可能性大于只有 1 个假被试在场时。假被试有 3 个人时，人们从众的可能性会大于只有 2 个假被试在场时。当假被试的数目为 4 的时候，和 3 个假被试的作用差不多，但是当这个数字大于 4 以后，人们从众的可能性并不会显著增加（Gerard，Wilhelmy，Conolley，1968；Rosenberg，1961）。

但是也请不要惊慌！因为，当人们知道自我的判断和选择会存在偏差，并且会受到环境的影响时，更多的情况下，人们可以尽力去坚持自己的判断，不受外界的干扰！有一部影片叫《十二怒汉》，主要讲述了由 12 个人组成的陪审团，他们需要对一个被指控杀害了自己父亲的孩子进行表决，当所有陪审员的意见一致的时候，就可以结束讨论。一开始各项证据均显示这个男孩就是凶手，表决票数为 11∶1，只有一个人认为孩子是无罪的。陪审团成员有商人、建筑师等各行各业的人，除了认为孩子无罪的人，其他的人都想要快速结案。正因为这一个人的坚持，随着一步步地开展科学推测，每个人的态度都发生了改变，大家都开始负责任地投票，表决比例也发生着戏剧性的变化，最后所有人都认为孩子无罪，可以释放。会不会有的人容易被环境左右，有的人却会更加坚持自己的观点？答案是肯定的。是否容易被环境影响，与个体变量有关系。在心理学中，人们将其定义为场独立性与场依存性。场独立性的人更不容易受到环境的影响，更能够坚持自己的观点和想法；而场依存性的人更容易受到环境的影响，更容易依从别人的意见而放弃自己的想法。所以，并不是在任何情况下，所有的人都会去从众。试想一下，如果陪审团里面有一个特别有威望的人，他的回答也会在更大程度上影响到别人的判断。但是，如果对自己的观点非常有信心，而对其他大部分人的观点都没有信心，只要坚持自己的想法，你也可以改变很多人的判断，当然也包括权威人士的判断。

## 2.2 他人在场都是不好的吗？

看完上述几个经典实验之后，你或许也会有点困惑。看来自己单干时判断似乎更准确一些。其实这种说法也不完全对！因为如果有时候你不知道该怎么做，他人在场，可以给你提供一个参考。当手头可利用的信息较少时，人们只能依赖从别人那里获得的信息。也有研究者发现，对乘法计算任务，若有他人在场时，人们的计算速度会变快，准确性也更高。但如果是复杂的乘法运算，如果有他人在场，人们的效率就会降低，也会更加容易出错（Dashiell，1930）。因此到底他人在场对人们的判断与选择起促进作用还是干扰作用，取决于任务是简单的还是复杂的。

他人在场是否会对人的判断有影响，还涉及在场的他人与做任务的人是否有关系（Mullen，1997; Hunt & Hillery，1973）。若在场的他人与做任务的人有关系，做任务的人就会觉得旁人会看出自己做得好不好，会形成一定程度的焦虑，当任务比较容易，焦虑水平比较低，做任务的人更想表现自己，表现会更好；若在场的他人与做任务的人有关系，进行的任务是困难的，那么做任务的人就会感受到较高水平的焦虑，影响发挥；若在场的他人与做任务的人没有关系，那么做任务的人处于一种放松的状态,若任务比较容易,那么做任务的人感受到的焦虑水平是比较低的,会觉得无所谓,可能会不想去发挥,也会影响做任务的人的效率;若在场的他人与做任务的人没有关系,任务又比较困难,做任务的人也不会感受到太高水平的焦虑,反而可能会取得好的成绩。所以,有别人在场对于人们判断的影响,还需要看做的是什么事情,以及这个人能不能对你做的事情产生压力,让你很焦虑或让你很放松。

另一个问题在于,"知道别人也在"这件事情本身就会对人们的判断产生影响。研究者设置了 3 种实验情境:①被试一个人独处;②被试与另外两个假被试待着,期间假被试一直表现得很平静;③3 个都是招募来的真被试。被试们都需要填完一份调查问卷。这个时候,门缝里面漏进了烟雾(研究者弄出来的),很快就充满了整个实验室。结果发现,只有一个被试的情况下,人们会很快采取行动,并赶快报告研究者;有 3 个真被试的时候,不到一半的被试会离开并上报有烟雾出现;有两个假被试且只有一个真被试的情况下,只有 10%的被试会选择离开并上报出现烟雾的情况(Latance & Dadley, 1968)。这个实验说明当人们不能确定到底发生了什么事情时,如果周围的人都表现得很冷静,他们就可能认为没有出现什么问题。

社会心理学家尼斯贝特等人(Nisbett et al., 1975)在密歇根大学做了一项类似的"帮助实验"。被试被带入了不同的房间,他们需要对着麦克风讲一讲自己生活中的烦恼。每一组被试轮流讲述 2 分钟,在讲话的时候,麦克风会自动打开。一位讲完之后,下一位的麦克风就会打开。假被试是第一个发言的,他简单地谈了一下自己的生活,并提起自己有时候一紧张就会很容易抽搐。之后,其他 5 个被试依次发言。第二轮又该假被试发言。其他被试听到话筒里面传来急促的声音，假被试说自己特别紧张，开始抽搐，接着他呻吟道："谁快来救救我……我快要不行了……"然后，轮到下一个被试发言。假被试的话筒已经被关闭了，大家都听不到任何的声音了。这个时候，你会不会冲出去救他？你估计会有多少人去救他？在真实的实验中，研究者发现被试中，有3个人刚刚听到喊救命，立刻就冲出去救人；有5个人听到最后冲出去救人；有6个人则没有离开过自己的房间，他们可能认为肯定有人已经冲过去救人了（Nisbett & Borgida, 1975）。当人们意识到他人也知道发生了什么，责任就会分散，因而人们更可能不会马上采取行动。

什么时候他人在场这一影响会弱化呢？在一项研究中，被试到达实验室要经过一段正在维修的走廊，一个工人正在进行维修。被试到了实验室之后，研究者告诉他们，实验任务是画一匹马。实验有3种情境：①被试一个人独处；②两个被试面对面坐着；③两个被试背对背坐着。被试在画画的过程中，突然听到走廊上传来了巨大的爆裂声，同时听到了那个工人痛苦的叫喊。结果发现：第一种情境下，有90%的人跑出去救人；第二种情境下有80%的人会去救人；第3种情境下，只有20%的人会出去救人。有他人在场时，如果我们可以看到对方，会更倾向于采取行动；如果我们看不到对方则相反。试想一下，如果我们修改一下实验设计，在第三种情境中，两个被试背对背坐着，其中一个是假被试。当实验进行了一半的时候，两个人都听到爆裂声和工人喊救命。一半情况下，假被试迅速跑出去救人；另一半情况下假被试不移动位置。你可以猜测一下，真被试会怎么做？通常，人们都不会轻易先迈出第一步，大部分会选择先观察一下。当背后的假被试采取了行动，更容易刺激真被试也采取行动，因为这个时候，自己无论做什么都不是第一个；如果背后的假被试没有采取行动，更容易让真被试产生继续观望的心理：反正对方也没有动。

从以上研究结果看来，有他人在不一定好，也不一定不好。

## 2.3　一点点改变也会影响判断

除了环境，研究者发现物理意义上的微小改变，也会影响人们的判断。在一项研究中，人们要对屏幕上出现的词语进行快速按键反应。当"主人"这个词出现在屏幕上方的时候，人们的反应速度明显要快于这个词出现在屏幕下方的时候。当"仆人"这个词出现在屏幕下方的时候，人们的反应速度明显要快于这个词出现在屏幕上方的时候（Schubert，2005）。

颜色也会影响人们的判断。罗切斯特大学的心理学家挑选了一位外表有吸引力的女大学生，让 23 名男性大学生参加实验。他们被告知将和一个女生在网上约会，可以先看看对方的照片。男生分两组看照片，一组看这位女生穿着红色 T 恤的照片，另一组看她穿着绿色 T 恤的照片；然后，研究者告诉男生可以问一些问题。比如：你是哪里人？（普通问题）我怎么样才可以俘获你的芳心？（暧昧问题）研究者想知道看哪组照片的男生更容易问出暧昧的问题。结果发现，看到红衣照片的男生更容易问出暧昧的问题，也就是说即使是同一个女生，男生也更偏好穿红色衣服的。是否别的颜色也会影响人们对于异性的偏好？研究者告诉参加实验的另一批男生，他们要和一个女生在隔壁房间约会，可以先看看照片。这次，一半男生看穿红色 T 恤的女生的照片，一半男生看穿蓝色 T 恤的女生的照片；然后，把男生带到隔壁房间，告诉他们女生的座位在哪里（固定的）。但是，他们可以自己决定坐在什么位置。研者发现，相对于看穿蓝色T恤的女生照片的男生，那些看了穿红色T恤女生照片的男生会把椅子搬到离女生更近的地方（Kayser，Elliot，Roger et al.，2010）。这说明单从颜色来看，红色比绿色和蓝色更容易创造良好的第一印象。

在另一项研究中，研究者让被试对不同背景中的词语进行分类（Sherman & Clore，2009）。研究者会在屏幕上呈现白色背景中的积极词语、消极词语及黑色背景中的积极词语、消极词语。研究者发现，当白色背景中出现的是积极词语，而黑色背景中出现是消极词汇时，人们的反应速度要快一些。反过来，当白色背景中出现的是消极词语，而黑色背景中出现的是积极词语时，人们的反应速度会变慢。这与人们日常的反应是一致的：我们总觉得坏事要偷偷摸摸地进行。这就如同人们去读用蓝色的笔写下的"红"字要比读红笔写下的"红"字花费更多的时间。因为字的颜色与字本身的含义是不一致的，导致人们在识别的时候会花费更多的时间，也更容易出错（彭凯平，喻丰，2012）。

既然黑色会让人联想到不好的事情，那么黑暗的环境下，人们是否更容易做坏事？研究者想到通过关几盏日光灯来改变教室的亮度（吉诺，2015）。一间教室开了12盏灯（光线很好），另一间教室开了4盏灯（比较昏暗）。被试的任务是完成20道数学题，时间只有5分钟。结束后，研究者会让被试自己对答案，然后报告答对多少题，根据被试答对的题量给予报酬。研究者想要知道被试是否会作弊，以及是否昏暗的条件下作弊的次数更多。结果显示，两个教室里的被试都有人作弊，在昏暗的教室中，作弊的被试更多（61%），远远高于另一个教室作弊的被试比例（24%）。尽管只开了4盏灯，光线比较昏暗，但被试还是可以看清彼此，也就是说，并不是人们觉得别人看不到自己才会作弊。更有可能是由于在这种情况下，人们会联想起过去的生活经验，黑暗诱发了人们冒险做坏事的冲动。那么，更为轻微的光线变化是否也会影响到人们的判断和决策？

研究者想到了一个更好的点子：让人们戴着墨镜。该实验邀请大学生参与，告知他们实验结束后每个人有 5 美元的报酬，还有额外奖赏。他们要通过计算机与另一个人（实际是假被试）合作，但是互相看不到对方。一半的学生在实验中戴着墨镜，另一半的学生在实验中戴着透明眼镜。实验结束后，研究者发给每名被试 5 美元，并且另外发给每个人 6 美元，并告诉他们可以自行决定将这 6 美元分给自己和自己的合作伙伴，并且合作伙伴不能提要求，只能被动接受。研究者发现，戴了墨镜的被试分给合作伙伴更少的钱（低于 2 美元），而戴了透明眼镜的被试分给自己和合作伙伴的钱差不多，接近 3 美元（吉诺，2015）。只是稍微调整了明暗程度，就会影响人们的判断和决定。

甚至不同的气味也会影响人们的判断。研究者让一组被试进入喷洒了空气清新剂的房间，另一组被试进入的房间没有喷任何东西，随后，告诉被试将进行一项信任游戏，在游戏中有发出者和接受者，发出者会拿到一笔钱，他可以选择自己留着或分给同伴，如果全部分给同伴，这个时候同伴的钱就会翻 3 倍。同伴拿到钱，可以全部自留，也可以返回一半。实验者告诉所有被试，他们会轮流扮演接受者，如果别人给他们 4 美元，拿到手的就有 12 美元。他们可以选择全部自留，或者想想会把多少返回去。实验结果发现，当人们待在有香味的房间时，会更加愿意相信别人，将钱给对方换取回报（Liljenquist, Zhong, Galinsky, 2010）。

身体感受到的冷暖，也会影响人们内心的冷暖，从而影响人们的判断。在一项有趣的社会心理学实验中，研究者会在楼下等待前来做实验的被试。被试到达后，两个人需要搭乘电梯上楼，研究者手头拿了很多东西，因此会请求被试帮他拿一下手中的咖啡。一部分被试帮忙拿的是热咖啡，另一部分被试帮忙拿的是冰咖啡。到达相应楼层之后，研究者告诉被试需要看一段描述，然后对一个陌生人进行评价。研究者发现，端过热咖啡的人更多地会将陌生人描述为"热情的""友好的"等；而端过冰咖啡的人更多地会将陌生人描述为"冷漠的""不友善的"等（Williams & Bargh，2008）。

物理属性的软和硬也会影响人们的判断（Slepian，Weisbuch，Rule et al.，2011）。研究者让大学生判断屏幕上连续出现的面孔是男性还是女性，而在判断的过程中，一半被试需要一直挤压一个硬球，另一半被试需要一直挤压一个软球。整个过程大概持续 2~3 分钟。结果发现，挤压硬球的被试更容易将屏幕上的脸识别为男性，而挤压软球的被试更容易将屏幕上的脸识别为女性。接下来，研究者又做了第二个实验，在这个实验中，大学生仍然需要识别出现的脸是男性还是女性，只是这次他们不再需要一直挤压球，而是要在一张纸上写出答案，并且这张纸下面有一张复写纸。一半被试要轻轻地写，防止答案印在下面的复写纸上，而另一半被试要用力写，保证答案印在复写纸上。结果发现，写字比较轻的一组更容易将屏幕上的脸识别为女性，而写字用力的一组更容易将屏幕上的脸识别为男性。两个实验的结果一致，说明物理上的软硬影响了人们对面孔性别的判断。

另一个影响判断的环境变量是时间。达利等研究者（Darley & Batson，1973）设计了一个实验来考察时间的紧急程度会不会影响到人们帮助别人的意愿。实验招募了大学生在一间教室里面等候，他们需要先填写一份问卷。研究者告诉所有被试片刻后需要去另一栋楼进行一个演讲，所有被试都会拿到一张校园地图。其中一半被试被告知需要讲解与就业指导有关的内容，另一半被试被告知需要讲解一个与助人有关的故事，他们可以先准备一下。之后，研究者会将两组被试分别分为三个组。一组是"时间紧急组"，实验人员会告诉他们时间紧迫，有点来不及了；一组是"普通紧急组"，实验人员会告诉他们时间可能刚刚好，你们可以过去了；一组是"时间宽裕组"，实验人员会告诉被试可以先出发了，不过那边可能还没有准备好。在学生去往目的地的路上，实验者安排了一个自己的学生"演戏"，这个学生躺在地上，尽量表现得痛苦不堪。实验者想知道哪组被试会更愿意帮助这个学生。从结果来看，"时间宽裕组"的大半被试都会停下来帮忙；"普通紧急组"有将近一半被试会停下来帮忙；"时间紧急组"只有 10%的被试会停下来帮忙。演讲的内容也会影响被试是否帮忙。演讲内容是关于就业指导的那组中，只有 29%的被试伸出援手；演讲内容是关于助人故事的那组中，有超过一半的被试愿意停下来助人。环境发生一点点变化，就会影响人们的判断和行为，哪怕这些被试实验前填写问卷时在助人行为相关问题上的得分都比较高，但是在实际的情况下，也不见得都会去帮助别人。事实上，环境对人判断的影响力远远超过了人格特质的影响力！

## 2.4 意识到了吗？

系统 1 与系统 2 的一个主要区别在于，系统 1 是人无意识的反应，而系统 2 一定是有意识参与的。意识究竟是什么？目前，比较统一的说法是意识是我们对自己和环境的觉知。比如，我们的心理状态是清醒的，可以觉察到周围事物，可以注意外界等。

从图 7 中，你第一眼看到的是什么？

图 7　老人与少女

你是看到了一个少女，还是看到了一个老人？这取决于人们的意识，具体而言，也就是人们的注视点。人们的视觉注视点不一样，人们意识到或者说注意到的东西就会不一样。与意识相对的则是无意识，那么无意识又是什么？直觉来讲，无意识是没有意识参与的过程。对于熟练的司机来说，开车基本可以说是无意识的行为。

人的很多判断会由系统 1 执行，而系统 1 会经常切换到系统 2。人会由无意识的状态切换到主动加工的状态。比如，当你在图书馆专心读书，此时旁边突然有人开始小声打电话，即使你没有刻意去听，也总能从断续的对话中听出点儿什么。

人在无意识的状态下也会做出很多判断。社会心理学家曾做过一个很有趣的实验来研究人们在无意识的情况下做出的判断及其反应。在一所大学里，学生们经常在图书馆里复印资料。等复印机前排起长队时，研究者派她的一名学生去问排在最前面的人："不好意思，我只有 5 页要复印，你可以让我先复印吗？"结果只有 60%的人会同意。在第二个实验里，兰格教授加入一个理由。仍然等到复印机前面排很多人的时候，她让学生去问："不好意思，我只有 5 页要复印，你可以让我先复印吗？因为我赶时间。"结果在问到的所有人里面，有 94%的人会同意。这是可以理解的，因为赶时间是个很好的理由。令人吃惊的是随后的实验，研究者还是等复印机前排起长队时，派学生去问排在最前面的人："不好意思，我要复印 5 页，可以让我站在你前面吗？因为我想复印。"居然也会有 93%的人同意。为什么会有这样的结果？研究者认为，当人们听到别人说了"因为"，就会很快地判断别人确实是有原因的，而对真正的原因不管不顾。可见，"因为"真的是一个好理由！

## 2.5　失去与获得，哪个更痛苦？

人们是不是总会不理性地判断和选择呢？也不是！按照期望效用理论，人们可以基于理性的原则做出严谨的判断。比如，一个人喜欢吃橘子不喜欢吃西瓜，那么，这个人愿意以 10%的概率赢得一个橘子，而不是以同样的概率赢得一个西瓜。

接下来，请回答下面的这个问题：

A：100%输掉 50 元。

B：25%输掉 200 元，75%什么都不输。

你选哪个？

在这个问题上，研究者发现有 80% 的人会选择 B 选项。

再来回答下面的这个问题：

如果有 25% 的可能会失去 200 元，但如果花 50 元能保证不失去这 200 元，你花吗？

研究者发现有 65% 的人会选择花。

这两个问题变了吗？本质是一样的，但是问法不一样，人们的选择就会不一样。心理学家称之为框架效应。实验者做了很多实验，发现在获得的语境下，人们更愿意选择确定性高的选项；在损失的语境下，人们更愿意去赌一把（卡尼曼，2012）。

同样的含义，仅仅表述不同，人们的判断与选择就不同，这可能是因为系统 1 会快速反应，让人们产生特定的联想和情绪反应。比如，某天两支队伍进行了一场激烈的球赛，A 队最后 1∶2 输了。"A 队输了"与"B 队赢了"都在讲这场比赛，但是对于听到的人会唤起不同的联想。若你喜欢 A 队，听到"A 队输了"，你更多地会想起他们努力拼搏，但是很可惜遇到了强的对手；若你喜欢 B 队，听到"B 队赢了"你可能更多地想到 B 队的队员付出就有回报。

现在，我们来看看抛硬币这个游戏。如果是正面，你会失去 100 美元；如果是反面，你会赢得一些钱。问题是，赢得多少钱，你才愿意玩这个游戏呢？答案肯定会大于 100 美元，即使达到 150 美元，可能你还在犹豫。犹豫是因为系统 2 在认真地思索，人们需要决定这个数值来缓冲由系统 1 所产生的情感反应。大多数人在获利达到 200 美元，大约是损失的 2 倍的时候，才会愿意参与，当然不排除个体差异，有的人可能希望收益值达到损失值的 3 倍或更多才会愿意参与游戏。

心理学中有一个效应叫禀赋效应，是指人们一旦拥有了某个物品，这个物品在他看来就会升值。卡尼曼等人（Kahneman，Knetsch，Thaler，1990）做过这样一个实验。他们让两组学生填写问卷，并且告知学生为了感谢他们参加实验会送给他们礼物。于是，在做实验的时候，研究者将钢笔放在一组被试面前，而将巧克力放在另一组被试前面。实验结束的时候，研究者会拿出备选礼物，告诉被试如果不喜欢现在的礼物，还可以换这个备选礼物。实际上，只有很少的人会选择交换新的礼物，仅占总人数的 10%，大部分被试都保留一开始发给他们的礼物。因为，这个礼物已经在他们面前放了一段时间，已经是属于他们东西，礼物的价值和意义就发生了变化。在另一项研究中，研究者直接把东西送给被试。研究者招募了女性被试，把闹钟、收音机、热水瓶等 8 种物品摆出来，让她们写下对每样物品的喜爱程度。研究者拿出两样物品让被试选择一个，并且可以带走选好的物品。之后，被试需要重新估计一下自己对这几样物品的喜爱程度。结果发现，被试对自己选择的东西的喜爱程度会增加，对其他物品的喜爱程度没有发生变化。可见，人们对自己拥有的东西的价值估计较高，对这个东西的喜爱程度也会增加（Brehm，1956）。

但是，你有没有想过，为什么你拿着 300 元去买蛋糕，钱给了别人，你却没有心痛？蛋糕房的老板把蛋糕给了你，他也不会心痛？日常生活中的交易双方通常都没有体验到损失厌恶。为什么？区别在于，买蛋糕的钱和商家卖给你的蛋糕都是用来做"交换"的。这么看来，如果单纯想象物件的价值，是否失去的时候就不会那么心疼？在一项实验中，被试参加一个小调查，并被告知自己会得到一个咖啡杯或价值差不多的巧克力作为回报。礼物会随机发放给每一个被试，等被试做完调查后，实验者会提议，如果不喜欢咖啡杯可以换成巧克力，如果不喜欢巧克力也可以换成咖啡杯。实验者发现，被试里有经验的商人有将近一半的人换了礼物，并且他们也没有表现出任何的不情愿（卡尼曼，2012）。可见，多一些理性，判断也会更为准确。

如果都是失去，并且失去的一样多，人们的判断和选择就会一样吗？来看这样一个例子：单位发给员工每人一张音乐会门票，位置在前排中间，价值300元。可是天公不作美，在开音乐会的那天突然来了一场暴风雪，这场突如其来的风雪导致所有公共交通工具都暂停使用，但是音乐会照常进行。你如果要去，只能冒着寒风步行一个小时去音乐厅。请问你会不会去听这场音乐会？那么，如果这张票不是单位发的，而是你自己排队花300元钱去买的呢？我猜想，在第一种情形中，很多人会选择不去；在第二种情形中，很多人还是会选择去。同样是价值300元的音乐会门票，人们的选择就会不一样。心理学家将这种差异归于"心理账户"（卡尼曼，斯洛维奇，特沃斯基，2008）。不同的框架触发了不同的心理账户。人们将单位发的票放在一个心理账户中，如果自己不去，人们会觉得自己没有损失；而自己的钱是另一个心理账户，如果不去，就会觉得已经花钱了，不去很可惜，会体验到损失带来的消极感受，所以更可能冒着暴风雪去听音乐会，这是系统1为了平衡情绪做出的快速决定。

再来看另外一个例子：有一天你去看电影，票价50元。当你走到门口，发现自己丢了50元钞票，你还会花50元买一张电影票吗？那如果票仍然是50元，你先买好了电影票，可是走到电影院门口时你发现票丢了，你还会花50元再买一张票吗？在第一种情形中，会有更多的人愿意买票；而在第二种情形中，更少的人愿意再去买一张票。为什么呢？人们丢了 50 元，会觉得买电影票的心理账户还没有启动，心甘情愿再花 50 元买票；而如果已经买了票，人们会觉得电影票这个心理账户中的钱已经花完了，还得再花 50 元买票，所以不想再买一次。

李先生看中一款新潮手机，但价格是 4000 多元，他犹豫着没买。到了月底，他太太买了一份生日礼物送给他，而这份礼物正是他喜欢的那款手机。他会高兴吗？这里要说明的是，他们用的是同一个银行账户。就算花着他的钱，买了他想要的手机，他也会很高兴。为什么呢？因为在他的心里有两个账户。一个是买手机的，一个是买礼物的。买手机的 4000 多元没有花，太太只是花了买礼物的钱。碰巧这个礼物就是他想要的手机，他会非常高兴，甚至还会觉得自己省了钱。

我想看了这么多例子，你应该明白心理账户是怎么回事了。似乎心理账户总会让人们做出不那么理性的判断。你可能想知道，人是否可以理性一点呢？答案是肯定的，使用反事实思维就可以了。冒着暴风雨去听音乐会的人可以想想："如果我的票是别人给的，我还会这么做吗？"丢了 50 元的人可以想想："如果这 50 元就是打算买票的钱，我还会再买吗？"诸如此类的思考会让人们更加理性地思考自己的选择究竟是不是对的。

人们不愿意感受失去的痛苦，人们不愿意做让自己后悔的事情。在做判断和选择的时候，常见的一种情绪就是后悔，人们经常因为"免得以后后悔"这样的原因而做出不理性的判断。人们不愿意改变，因为做不符合常态的事情，出了问题就会更加后悔。在一项研究中，实验者让被试看两个例子：A 先生几乎从不让旅行者搭便车，昨天有一个男人搭了他的便车，然后他被抢了；B 先生经常让旅行者搭便车，昨天有一个男人搭了他的便车，然后他被抢了。这两个人谁更可能后悔？大部分被试觉得 A 先生会更后悔，只有少部分被试觉得 B 先生会后悔。A 先生的做法与他自己的常态不符，所以人们会觉得他应该会更加后悔。而 B 先生总会这么去做，只是这次不走运而已（卡尼曼，2012）。人们总会因为害怕后悔，所以尽量选择常规选项，避免风险，所以难免做出不理性的判断和选择。

# 第2部分　判断与人的发展

人并不是生来就拥有判断的能力。判断与人的发展有很大的关系。随着大脑的发展，以及感觉和知觉的能力不断提高，人们对外部世界产生意识，能够记住某些事情，这是判断的基础。

请你仔细看一下图8。你先看到的是大字母还是小字母？

```
            H    局部    S
        H       H    S       S
        H       H    S       S
        H       H    S       S
    H   H H H H H    S S S S S
        H       H    S       S
        H       H    S       S
        H       H    S       S
整体
          H H H        S S S
        H     H      S
        H            S
    S   H H H H H    S S S S S
              H            S
        H     H      S
          H H H        S S S
```

图8　整体优先的实验材料（Navon，1977）

人们在感知外部环境的时候，左脑和右脑的活动是不一样的。神经病学家通过监控人们的大脑，发现当人们注视小字母时，左脑会特别活跃；当人们注视大字母时，右脑会特别活跃（Navon，1977）。这说明左脑与右脑的分工是不一样的。大脑经过不断的进化，不同的脑区分别负责不同的认知功能，为人们感知外部世界提供了生理基础。左脑更多地负责分析，如言语、阅读、逻辑推理和数学运算等；右脑则侧重整体感知，知觉事物的空间关系、感受情绪等。此外，人们在知觉的过程中会有整体优先效应。比如在图 8 中，人们知觉大字母的速度要快于知觉小字母。当大字母与小字母一致的时候，人们的知觉速度最快；当大字母与小字母不一致的时候，人们的知觉速度最慢。

人有了生理基础，具备了感知外界的能力，才能更好地对这个世界做出合理的判断。

# 第 3 章　判断与感知觉

一定要有光，我们才能看到吗？请闭上你的眼睛，用手指按压一只眼睛的内侧。你是否发现竟然看到了什么，但其实并没有光源？

感觉是人们最基本的心理过程。感觉从生理的角度来讲，离不开感觉接收器：包括视觉系统，听觉系统，触觉、嗅觉和味觉系统。

若没有感觉，人们的认知活动会受到严重影响。在经典的感觉剥夺实验中，被试听不到任何声音，也看不到任何东西，两只手也被固定住，不能随意移动。几乎没有人可以一直忍受这样的环境，即使多熬一天就可以多拿报酬（Bexton，Heron，Scott，1954）。

知觉与感觉不一样。感觉是我们对周围事物的简单解释，而知觉则是对感觉的整合。比如，我们看到一个苹果，拿在手里估计了一下它的重量，闻了闻苹果的香味，吃了一口觉得苹果是脆的，而且酸酸甜甜的，这些都是基本的感觉。但是吃完以后，我们得出一个结论：这应该是某地产的苹果，这属于知觉。

## 3.1　感觉都是真实的吗？

当声音非常小的时候，我们可能会听不到。因为感觉存在绝对阈限，也就是刚刚能引起感觉的最小刺激值。低于这个绝对阈限的声音很难被听到，而每个人的绝对阈限是不一样的。

你和朋友出去买柚子，你随便拿两个大小差不多的两手一掂，决定买左边的，这个重，水分足。可是你的朋友两手掂来掂去也判断不出哪个重一些，这是为什么？因为人们的感觉还存在一个差别阈限，也就是刚刚能引起差别感觉的刺激物间的最小差异量。而每个人的差别阈限也是不一样的。同样，你可能对重量敏感，你的朋友可能对温度变化特别敏感。

通常情况下，人们对于中等强度的刺激物的差别感受不取决于刺激变化的绝对量，而取决于相对量。但是，绝对量达到一定程度时，人的判断也是会变的。

假设有以下两种情境。

情境 A：假设你去一家文具店购买计算器，标价是 20 元，而朋友告诉你其他商店的标价是 15 元。

情境 B：假设你去一家文具店购买计算器，标价是 120 元，而朋友告诉你其他商店的标价是 115 元。

那么，在哪种情况下你会决定到其他商店去购买？我想大部分人在情境 B 的时候，不太愿意换一家文具店。因为绝对数量都是 5 元，而相对数量是不一样的。

同样，为什么洗澡水总是刚开始很烫？为什么游泳池总是刚开始很凉？因为我们会感觉适应。用费希纳定律（见图 9）来解释，当人们的感觉量以算术级数增加时，刺激量其实是按几何级数增加的。

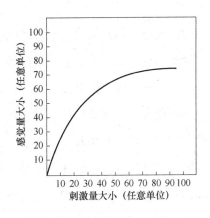

图9 费希纳定律

这就像一个人工资还比较低的时候,多赚 100 元,他会觉得很开心。当工资涨到一定程度的时候,多赚 100 元给他带来的幸福感会减弱,感觉即使拿着 100 元都没有以前那么开心了。

## (一)视觉

视觉对人们来说是非常重要的。但是有时候眼见为实,有时候眼见却不一定为实。下面我们来举一些例子。请看图 10,你是否在图片中看到了小黑点在闪烁?其实这是视觉的侧抑制现象,也就是相邻的感受器之间产生了互相抑制。

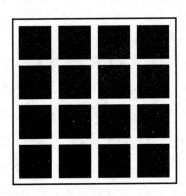

图10 侧抑制现象

呈现一个时长20毫秒的红光刺激。紧接着，呈现一个时长20毫秒的绿光刺激。这个时候我们会看到什么？我们看到的不是红色的光和绿色的光，而是一个黄色的闪光。这叫闪光滞后效应。请想象一下在黑色背景中，一个红色方块持续闪现，每次闪现都更接近背景中央。当红色方块到达背景中央时，另一个绿色方块与红色方块同时闪现，但此时人们会判断绿色方块出现时，红色方块已经在它前面了。这就是"闪光滞后效应"（Bach，2006）。足球裁判有时会因为闪光滞后效应，错误地判断球员越位（Baldo，Ranvaud，Morya，2002）。

随着人类视觉的演化与发展，视觉机制可以帮助我们更好地感知外部世界，但它有时也会出错。

## （二）听觉

我们吃薯片的时候，自己会觉得"咔嚓咔嚓"的声音很明显。那么，别人听到的声音也很大吗？并非如此！因为嘴巴里面的声音会通过颅骨传播，也会通过空气传播，所以对于自己而言，有两种途径听到声音，感觉声音很大。而对于别人来说，只有通过空气传播到他的耳朵里的声音，而且传播距离要远得多，所以别人听到的声音比我们自己听到的声音要小得多。

我们觉得在安静的环境中学习和工作效率会比较高，但是很多人会喜欢在咖啡馆学习和工作。这样的环境合适吗？神经心理学家发现，在咖啡馆这样的环境中，背景噪声会刺激大脑中的感官信号，比安静的环境更利于发挥人的创造性，研究者称之为"咖啡馆效应"（Onno，Jason，Nicole，2019）。但是，如果音乐太吵，也会影响人的效率。而且，背景音乐最好是那些熟悉的旋律，没有歌词的音乐最好。当然，咖啡馆效应与人们做的事情也有关系。比如，需要发散思维的工作是适合在咖啡馆进行的，团队头脑风暴是适合边喝咖啡边想的。而那些对注意力要求比较高的工作，比如核算资金这样细致的任务，选择在咖啡馆完成是不太合适的。

### （三）肤觉与触觉

冬天我们脸上哪里最容易冻伤呢？答案是鼻尖，因为鼻尖对寒冷的感受性特别高。

你知道鼻尖、额头和手背，哪里对温暖最灵敏吗？答案还是鼻尖。你知道鼻尖、额头和手背，哪里的触觉灵敏吗？答案仍然是鼻尖。

人们能否通过触摸，判断他人的情绪？研究者让被试蒙着眼睛，告诉他们去触摸某个人并努力表达一种情绪。之后研究者做了一个"屏风"，这样所有的被试都能看到他人的前臂，然后让被试去触摸对方的前臂并传达 12 种不同的情绪。其中包含：基本情绪，如愤怒、恐惧、厌恶、喜爱、感激和同情；亲社会情绪，如惊讶、幸福和悲伤；关注自我情绪，如尴尬、嫉妒和骄傲。被触摸的人要试着觉察出对方传递的是哪种情绪。他们不会看到对方的面部表情，只能依赖肤觉去传达情绪。人们能通过这短暂的触摸将爱、愤怒等情绪传达给另外一个人吗？研究者发现，人们通过触摸，可以识别出同情、喜爱及感激等情绪（Matthew，2014）。

也有研究者想进一步探讨亲密关系中的双方（恋人）能否通过触摸判断对方的情绪。研究者邀请了 30 对情侣参加了该实验，与前文中的实验流程相同。每对情侣面对面坐着，中间隔着屏障。其中一个人拉着另一个人的胳膊负责触摸，并要表达 12 种情绪，而另一个人则努力体会并猜出对方到底在传达什么情绪。研究者在实验中进行了拍摄，在情侣配对实验结束之后，研究者把他们的顺序打乱，所有人重新分配再进行一次实验。不过，实验中尽量安排同性被试进行实验。和情侣配对实验中的任务保持一致，负责触摸别人的还是负责触摸别人，负责被触摸的还是被触摸。从结果来看，情侣配对组在基本情绪、亲社会情绪和关注自我情绪上的猜测准确率都要高于随机猜测水平，而且三种情绪的猜测准确率都高于陌生人配对组。为什么情侣配对组能猜得更为准确？是不是因为亲密关系比较近，所以触摸的时间比较长？实验者对触摸时间和准确率进行了统计分析，发现两者之间不存在相关性。从录制的视频来看，两个实验中被试的触摸表现并没有特别大的差异（Thompson & Hampton，2011）。你可能会想到一个问题，如果两组的结果不一致，可能是因为性别引起的，而不是因为亲密关系的远近。研究者对此也进行了统计分析，结果发现两种组合没有显著的差异。看来，亲密关系中的双方通过触摸可以在某种程度上更好地传达情绪。或许是因为恋人会更有默契。

早在 20 世纪 50 年代，著名心理学家哈洛的"恒河猴实验"就揭示了触摸的重要性。他分别用铁丝和布做了两个不同的"猴子妈妈"。"铁丝妈妈"上面挂了奶瓶，"布妈妈"上面没有奶瓶。研究者观察小猴更愿意和哪个妈妈待在一起。更多的时候，小猴会赖在"布妈妈"身上，尤其是有危险的时候。只有饿了才会到"铁丝妈妈"身上喝奶，吃饱后又会回到"布妈妈"身边。而这样长大的小猴性格也很孤僻，不愿意和其他猴子交往。当然，其他的因素也会影响小猴的性格发展，比如和其他同伴的互动。只是其他条件恒定时，小猴更喜欢触摸起来柔软的"布妈妈"，说明触摸这种感觉对小猴的发展是很重要的。

一项针对 NBA 球队的研究发现，队员们在比赛时，相互接触的时间越多，球队取胜的概率越大。那些喜欢与队友接触的球员，个人也会更加积极，表现也会更加出色。研究者分析了 294 名球员在为期两个月的比赛中的互动，接触行为包括击掌、摸头及撞胸等 12 种。这说明喜欢与别人接触，进一步带动了团队的比赛热情，团队的凝聚力变强，团队合作也变得更加高效（Kraus & Keltner，2010）。

当一个刚认识的人无意中拍了拍你的肩膀或上臂，会不会增加你对他的好感？研究者设计了两个实验来检验这一假设（Borton & Casey，2006）。实验一，在 3 个星期内，研究者让一位男性实验者在夜总会里试着邀请 120 位女性跳舞。一半的情况下，男性实验者需要自我介绍，发出邀请，然后不经意地伸出手臂很轻地触碰对方上臂几秒钟，另一半情况下邀请的时候不伸出自己的手臂。实验结果发现，当男性实验者不触碰对方时，女性答应邀请的概率为 43%；当伸出手臂触碰对方时，邀请成功的概率为 65%。实验二，研究者找了 3 位长相英俊的男性实验者在街上接触 240 名女性。男性实验者需要说一些夸奖对方的话，然后向女性索要电话号码，并提出想请她们喝一杯咖啡。仍然是在一半的情况下，男性实验者在和女性搭讪的过程中，会伸出手臂不经意地轻轻触碰一下对方的上臂，另一半情况下不伸出手臂。结果发现，没有接触的情况下成功要到电话号码的概率为 10%；触碰到对方手臂时的成功率为 20%。但请注意，触碰一定要短暂。

## （四）嗅觉

为什么爷爷奶奶吃菜越来越咸？因为人们辨别气味的能力在成年早期达到顶峰并在之后逐渐减退。

臭豆腐为何令人难忘？虽然答案因人而异，但是喜欢它的人就会觉得一点都不臭。感受器感觉到臭豆腐的味道,就会把信号传导至大脑,大脑进一步加工信息,判断这个东西到底能不能吃。信号在传导的过程中,会经过丘脑和边缘系统,而这两个系统分别负责人们的记忆和情绪加工。因此,对臭豆腐的感知伴随着情绪记忆,喜欢它的人会更喜欢它,不喜欢它的人会唯恐避之不及。

相亲时,若双方想给对方留下一个好印象,除了自己的穿着和言谈举止外,身上的气味也是非常重要的,哪怕这个气味是非常微弱、不易察觉的。恋人已经熟悉了彼此的味道,气味会在彼此的记忆中留下深刻的印象。德国心理学家沃勒曾提出了"气味慰藉"的概念。在他调查的年轻男女中,女孩更喜欢通过闻男友衣服的味道来保持男友在身边的感觉,而男孩中这样做的人则比较少。一些研究也证实,即使两地分居或已分手多年的恋人,彼此的体味也会深深地印刻在彼此的脑海中。

## (五)味觉

味道也会影响人们的判断。人们通常认为爱吃甜食的人是很容易相处的。在一项研究中,研究者让被试对自己的随和程度和乐于帮助别人的程度进行打分。吃了甜食的一组被试比没有吃甜食的一组被试在两项上面的得分都要高(Meier, Moeller, Riemer-Peltz et al., 2012)。这么看来,人们更愿意与平时爱吃甜食的人交往,因为爱吃甜食的人觉得自己很容易相处,而别人也觉得他们容易相处。还有研究发现喝含糖饮料也会影响人的判断。在实验中,研究者将所有的大学生分为 3 组,第一组被试喝苦茶,第二组被试喝混合了水果的甜饮料,第三组被试喝白开水。然后,研究者让被试看诸如"一个人吃掉了他自己去世的狗"这样的 6 道描述题,让被试判断题目中的人在道德层面上犯的错有多严重。

研究者发现，相比喝了甜饮料和白开水的被试，喝了苦茶的被试明显打分会更高，这就意味着他们会更加严苛，觉得别人错得很离谱（Eskine，Kacinik，Prinz，2011）。

味觉和嗅觉是联系在一起的，两者的神经冲动在一定程度上传导至同一脑区。当闻之无味时，通常食之也无味。看来想要减肥，我们还是捏着鼻子吃饭好一点。

### （六）痛觉

人们并没有特殊的痛觉感受器。Melzack（1973，1980）提出了经典的闸门控制理论，认为脊髓内有一道"闸门"，它可以允许或阻止疼痛信号传递到大脑。"打开闸门"的任务由脊髓内传导疼痛信号的神经纤维控制，而"关闭闸门"的任务则由脊髓内传导其他感觉信号的神经纤维控制。比如，脚擦破了皮，我们就会感觉到疼痛。如果不想感觉到疼痛，我们要想办法关闭闸门，也就是说让脊髓内的神经纤维传导其他感觉信号。这时如果我们可以拿一块冰敷一下伤处，就会大大减轻痛苦。

## 3.2 站太高会怕，这是不是天生的？

站在悬崖边，我们会感到害怕。人们生来就能判断深度吗？这种知觉是天生的还是后天学习的？1960年，在康奈尔大学，吉布森和沃克做了有名的"视崖实验"。研究者将玻璃铺设在桌面上，产生了"浅滩"和"深渊"的视觉效果。研究者招募了36名婴儿（6～10个月）与他们的母亲一同参与实验。研究者先让母亲在"深渊"这边喊自己的孩子，然后再在"浅滩"那边喊孩子。为了比较小动物（比如，鸡、老鼠、猪、猫和狗等）与人类的深度知觉能力，对小动物也进行了该实验。实验结果发现，9名婴儿拒绝移动。当婴儿的妈妈发出呼唤时，大部分婴儿都选择了爬向"浅滩"。该实验说明6~10个月大的婴儿已经意识到了深度的不同。这是否说明人们的深度知觉能力是天生的呢？明显不能！因为该实验中的孩子最小的也有6个月，在出生半年的时间里，他们还是可能通过学习而习得深度知觉的。

除了对空间的判断，还有对时间的判断。关于时间过得快与慢，人的体验各有不同。在一个实验中，人们参加一场短暂的"约会"，需要6分钟的时间与异性相处，如果对某人一见倾心，便可以记录下来。如果两个人都有交往意向，则在一天之内会收到双方的某种联系方式（格拉德威尔，2011）。开始前，每个人都满怀期待。正式开始之后，人们表现各异。有的人激动不已，不停地交谈；有的人可能在短暂的自我介绍之后就陷入了尴尬的僵局。和喜欢的人待在一起，我们会觉得时间飞逝；与无话可说的人待在一起，一分一秒都如坐针毡。对别人的好感度会影响人们对于时间的感知。

还有一个问题是，仅有6分钟，我们就可以判断出对别人的好感有多强烈吗？可能你会说，甚至都不需要6分钟，有时候只要1分钟甚至看一眼就知道合不合得来。人们瞬间的判断动用了系统1。更有趣的是，一旦让人们写下自己的真实想法，就会发现人们的判断一直在变化，甚至还有点自相矛盾。实验者要求人们在活动开始、活动之后、一个月以后及半年以后，分别填写调查问卷，评定约会对象的10项特质（如幽默感、真诚等），并依据这些特质对约会对象进行评分。然后，实验者就会得到一张记录了人们真实想法的表格。从这张表格看来，人们在不同时候对约会对象的评分并无一致性（格拉德威尔，2011）。

## 第 4 章　判断与自我

什么是自我？首先我们要弄清楚两个概念：主我和宾我（James，1890）。主我是自我积极体验的部分，宾我是体验到的部分。自我包含人们对自身状况、与他人关系的认识，如自我概念；伴随着自我认识产生的体验，如自尊；以及对思想和行为的发动和支配，如自我调控。自我的发展对人们的判断影响很大。刚出生的婴儿甚至分不清自己和他人，只有具备了自我意识，才能做到这一点。随着自我意识与自我其他部分的发展，人们才能对涉及自我的不同方面进行正确的判断。但随着自我的发展，人们会误认为自己是足够理智的，殊不知诸多因素正在干扰自己的判断。比如，人们会低估自己对极端消极事件的适应能力。研究者问被试下面 3 个人中哪个人在 3 个月后最快乐：第一个人由于遭遇车祸而身受重伤；第二个人中了彩票，得到了很多奖金；第三个人是个普通人，生活平淡无奇。大部分人会判断第一个人在 3 个月后最快乐，因为他应该已经康复。至于中彩票的人，3 个月后奖金可能所剩无几，所以可能没有一开始那么幸福。事实上，这 3 个人在 3 个月之后的快乐程度是差不多的（Brickman，Coates，Janoff-Bulman，1978）。

## 4.1　自我的起源

自 1890 年威廉·詹姆斯在《心理学原理》中提出自我意识的概念后，有关自我意识的研究在心理学领域虽历经风雨，却经久不衰。到底什么是自我意识呢？自我意识是指将意识的关注点集中在自我身上，把自己当作注意对象。有了自我意识，人就能判断出镜中的影像是自己而非另一个人。

自我意识不是人类先天具备的，而是个体在生活环境中通过与客体的相互作用逐渐形成和发展的。即使是婴儿，也可以感知外界并进行判断。比如，出生 1 个月左右的婴儿就能对外界有所反应，听到声音会迅速做出判断，并努力转向声音的来源；当人们用手指去触摸婴儿的手，他会自动抓握。自我意识的发生、发展与个人生理的发展、年龄的增长是密切相关的，离开了生理及相应的心理能力的发展，自我意识不可能发生。从婴儿时期到成人时期，自我意识的发生或形成主要有事物-自我知觉分化、他人-自我知觉分化和掌握有关自我的词 3 个标志。1～3 岁时，儿童的自我发展特别迅速，他们会形成生理自我，并经历自我中心期：1 岁时，儿童可以准确地对方位进行判断，可以指挥自己的手或脚朝向某一个方向做出动作；2 岁时，儿童会使用"我"作为句子的主语，准确地对自己的要求进行判断和表述；3 岁左右，儿童已经可以明确说明自己的要求，会用自己的语言来描述外部世界，并有自己的理解，被批评时已经会表现出羞愧感。3～12 岁时，社会自我逐渐形成，儿童会进入客观化时期。在这个阶段，儿童已经步入校园，开始学习规则、接受教育，扮演学生的角色，能够对不同性别进行判断和区分；开始关注外部世界，关注别人对自己的评价，基于家长或老师的评价来判断自己是否是好孩子，对自己的肯定较多地依赖于外部规则。12～18 岁时，青少年的心理自我会得到快速发展。开始体会丰富的内心世界，形成自己内在完整的判断标准和规则，并以此来衡量自己，而不是完全依赖外界的评价。19 岁以后，自我意识开始分化且形成矛盾，最终达到稳定和统一。而自我意识在不同阶段的发展，均会影响人们的日常判断。

研究者做了一系列实验来研究自我意识的发展。最早的研究对象是黑猩猩。盖勒普（1977）早期使用镜像识别任务来观察黑猩猩要用多长时间判断出镜中看到的是自己。他把一面镜子放在黑猩猩面前，每天仔细观察它们的行为。最初，黑猩猩以为镜中是另一只黑猩猩。随着时间推移，黑猩猩会对着镜子剔牙。这一现象表明黑猩猩已经发现镜中的动物就是自己。在另一项研究中，盖勒普（1977）对黑猩猩实施麻醉，并在它们的额头上涂抹红色的颜料，最后把它们放置在镜子前面。黑猩猩醒来后，他发现黑猩猩会对着镜子不停地摸额头的红色部分。这一行为说明黑猩猩已经可以判断出镜中的动物就是自己。

之后，研究者通过区别非灵长类与灵长类动物对镜中自己的判断反应区别各种动物与人类，尤其是婴儿的自我意识。实验一在各种动物面前各放置一面镜子，研究者发现：猫和狗会不停地撞击镜子；牛、羊、猪、马没有特别的反应；猴子和狒狒会误以为镜中是其他动物，吓得转身逃走；大部分猩猩会转到镜子后面去寻找是否还有其他动物；而年龄较大的婴儿会对着镜中的自己微笑。这是人类从婴儿时期就有了自我认知能力的一个重要标志和强有力的证据。实验二，实验者仍然在动物面前放置一面镜子，然后在动物身后悬挂它们各自喜欢的食物，并保证它们从镜中可以看到食物。研究者想要研究不同的动物及婴儿如何判断食物的位置。结果发现，猫和狗想要得到食物会不停地撞击镜子；牛、羊和猪等仍然没有任何反应；猴子、猩猩和狒狒依然会转到镜子的后面去寻找食物；婴儿却知道转向身后寻找食物（Meddin, 1979; Povinelli, Rulf, Laudau, Bierschwale, 1993）。

接下来，研究者想了解儿童究竟在多大时产生了视觉自我识别能力，即能够准确地对自己与他人进行分辨。里维斯等人（1979）使用"镜像范式"对儿童进行研究。他们选取 9 个月至 3 岁的儿童，使用多种方式对其进行实验：①实验开始时，在儿童毫无察觉的情况下，用红色的笔在他的鼻子上涂一个点，然后把儿童放在镜前观察他会做出什么反应。研究者发现，不足1岁的儿童对镜中的映像很感兴趣，但是并不知道该镜像就是他本人。这个时期，儿童已经注意到了镜子里的映像与镜子外事物的对应关系，对镜中映像的动作伴随自己的动作更是十分好奇。约一岁半的儿童则只要看到镜中的映像，就会立即判断出红点在自己的鼻子上，可以准确指出相应的位置。②观察儿童是否可以使用"我"来指代自己。实验发现如果给儿童看他们和别人的照片，儿童可以准确地分辨出自己和他人，并可以把自己指出来。一岁半至两岁的儿童在看到照片中的自己时，还可以使用"我"进行表述。③实验证明儿童在看到自己时会产生情感反应，而看到别人的时候则不会。这一能力在两岁前就会展现出来，说明该时期人的自我识别能力已经发展得较为完善。

　　青少年对自己的判断会更为复杂。随着认知能力的发展，青少年逐渐形成了一套自己的判断标准，但是对自我的认识仍会受到他人观点的影响，也更在意他人对自己的评价。青少年会发展出观点采择的能力，即能够站在他人的角度来看待自己，或者揣测他人的想法来看待问题。同时，青少年容易产生"假想的观众"，不仅将自我作为主体，也会将自我作为客体，从旁观者的角度来看待自我。也就是说在青少年时期，自我会分化为客观的我和主观的我。人们可以从旁观者的角度来观察自己，评价自己。进而，人们发展出理想的我和现实的我。这两者的不统一，会导致青少年对自我的判断发生冲突，但经历长时间的发展与调整，这两者最终可以达到自我的统一。这种统一可能很快，也可能很慢，甚至可能需要一生的时间。按照埃里克森的人生发展阶段理论，人类在青少年时期会陷入自我同一性与角色混乱的矛盾中。如果青少年的自我统一得较为顺利，就会形成自我同一性。否则，青少年就将会陷入角色混乱。

## 4.2 "我"到底是谁？

人从出生到成熟，需要经历十几年甚至几十年的时间。人们一直在追寻和回答"我是谁"这个问题。这个问题指向自我意识中的自我概念。

有一个著名的心理学效应叫"鸡尾酒会效应"：当你在一场鸡尾酒会上正与别人相谈甚欢时，突然听到有人提自己的名字。为什么别人一提到你的名字，你就会突然注意到？这是因为人会特别注意与自我概念相关的内容，而自我概念中就包含了自己的姓名，甚至家人、好朋友的姓名（Markus & Kitayama, 1991）。所以，即使别人提到的并不是你的名字，而是某一个家人的名字，你也会很快注意到，并尝试去寻找是谁提到了这个名字。

然而，不同的人自我概念也不同。研究者在考虑自我概念的时候，也就是在考察宾我，用于描述人们如何解答"我是谁"的问题及人们对自己有什么样的看法。通常，研究者会让人们写下 20 个关于"我是＿＿＿"这样的句子。句子可以描述个性、生理特征、爱好、亲人等任何内容，只要它们能说明你是一个什么样的人。已有研究发现人们对自我的认识存在文化差异。马库斯和卡塔亚玛（1991）从自我观的角度来看待自我概念的文化差异，并提出独立自我观（independent construal of the self）和相依自我观（interdependent construal of the self），以解释不同文化下自我概念的不同。研究发现，东亚文化中，人们更容易写出

"我是××的女儿""我是××学校的学生"及"我是××社团的工作人员"这样的语句，而西方文化中，人们更容易写下"我是热情的人""我是一个性格有点强势的人"及"我是一个忧郁的人"这样的语句。可以看出，东亚文化的人会将对自己的描述与一个集体联系起来，研究者认为这是一种相依自我；而西方文化的人更倾向于描述自己的性格特点，这是一种独立自我。

崔蒂斯（2000）认为东亚人更加倾向于集体主义，而西方人更加倾向于个体主义。个体主义文化比较强调个人和独立自主，人们倾向于独立完成任务。集体主义文化比较强调集体和人际，人们倾向于团结合作。从这个角度，崔蒂斯（2000）将自我分为 3 个维度：一是"私我"，即我对自身的看法，如"我是个善良的人"；二是公我，即他人对我的评价，如"大多数人都觉得我很好"；三是"集体我"，即某个群体中的人们对自己的看法，如"同事们都觉得我人很好"。在强调个体主义的文化中，个人会更加看重"私我"，更注重自己对自己的看法；而在强调集体主义的文化中，个人会更加看重"集体我"，更注重集体中的他人对自己的看法（Triandis，1997）。自我概念的不同会影响人们判断他人是否属于内群体，进而影响人们对他人看法的态度。

在不同的时期，自我概念也会发生变化。在青少年时期，这种变化尤为明显。由于青少年所处的社会环境发生了很大的改变，他们的社会角色也有了显著变化，而这些变化也会导致青少年的自我概念发生转变（Festinger，1954）。到了成年期，自我概念趋于稳定，不会有特别大的变化。但是，如果外界环境发生变化，那么自我概念也会相应地发生一些改变。环境的稳定性对自我概念的稳定性有着重要的作用（Demo，1992）。可以想象，人们在不同的年龄对同一件事情会有不一样的看法，做出不一样的判断。

## 4.3 "我"是一个好人吗?

判断自己是否是一个好人，涉及人的自尊（self-esteem）。人们对于自尊的定义一直争论不休。自尊与情绪有关，它是指一个人如何肯定和赞扬自己，是人对自己的全面评价。可以看出，自尊指的是自我的体验方面，与我们对自己是否满意有关。解决"我是谁"的问题涉及如何正确地对自我进行描述，是自我概念的问题；而准确地对自己进行评价，则是自尊的问题。也就是说，自我概念解决了我到底是什么样子的、我想成为什么样子的人，以及"我"的各方面是什么样子的。自尊则需要对"我"进行评价，评价的过程无疑涉及人们的情感体验。

判断自己是好是坏时，人们的感受是因人而异的。这是因为自尊有高低之分。如果使用自尊量表进行测量，按照分数则可以将人们划分为高自尊组和低自尊组。通常情况下，自尊水平较高的个体也会更加自信，而且其自我概念也相对较为稳定（Campbell，Rudich，Sedikides，2002）。既然如此，鼓励别人提高自尊，是否是正确的做法？在一项测验开始前，研究者给学习成绩不是很好的学生分别发了邮件，其中一半的学生收到的邮件里有一些关于高自尊的人会有哪些表现的表述，比如"高自尊的同学不仅能够得到更好的分数，而且更有自信"；另一半学生的邮件中只有让他们好好表现的内容，或者还有一些关于平时成绩及平时课堂表现的评价（Forsyth，Kerr，Burnette，Baumeister，2007）。这两组学生在期末考试中表现如何？通常人们会判断第一组学生表现更好，而实际上第二组学生的成绩会更好。为什么和人们的判断相反？研究者认为，对于成绩比较落后的学生，人们不能随意地提高他的自尊，如果他得到了不切实际的评价，反而会产生自己已经很强的错觉，可能会懈怠，认为不需要再继续努力也可以取得好成绩。

人们对自身的判断在不同的领域各不相同，这是因为自尊有不同的种类。研究者从不同的角度对自尊进行了分类。首先，根据自尊的概括化程度，我们可以将自尊分为总体自尊和具体自尊。总体自尊是指一个人从整体上对自己的判断。比如，一个人会画画、弹奏乐器和跳舞，总体而言他觉得自己是比较全能的人。具体自尊是针对具体领域而言的自尊。如果某位同学的数学成绩很糟糕，他可能不想提及自己的数学成绩。但如果他的语文成绩特别好，提到写作等内容时，他则会对自己非常有信心。此处指的就是具体自尊。是否不同领域的具体自尊加起来就等于总体自尊？也不是。如果人们并不重视某个领域，那么该领域无论好坏都不会影响到人们的总体自尊。比如，一个人不会开车，但是他认为这件事情无足轻重，那么，他整体上依然认为自己是比较全能的人。其次，依据自尊是否稳定，我们可以将自尊分为特质自尊和状态自尊（Leary，1999）。特质自尊是比较稳定的，不易发生变化，具有跨时间和跨情境的稳定性；而状态自尊容易发生变化，是不稳定的。最后，根据自尊是否会被意识到，我们可以将自尊分为外显自尊和内隐自尊（Greenwald & Banaji，1995）。人们自我报告的自尊是外显自尊，外显尊是人们可以意识到的，是可以用量表测量的；而内隐自尊是人们无法意识到的，通常情况下，心理学家会使用诸如内隐联想测验等工具进行测量。

人们对自身的判断是否会随着时间发生变化？自尊是比较稳定的，但也不是一成不变的，而且这种变化存在个体差异。有些人的自尊特别容易变化，其自尊水平不太稳定；而有些人的自尊不容易发生变化，其自尊水平比较稳定。但是，人们对自己的整体评价与自尊可变性没有直接的关系。也就是说，无论人们的自尊是否易变，人们对自己的整体判断并不会经常发生变化。

研究者发现自尊水平高低不同的人在遭遇失败时，对自己能力的判断会发生变化，而这一变化也会影响他们之后的行为。在一项研究中，研究者招募了大学生被试，并且告诉所被试，他们即将接受一次测验。在测验前，他们需要完成关于自尊的测量问卷。在测验结束后，不论被试的实际成绩是高还是低，研究者都告知被试他们的成绩很低。然后，研究者告诉所有被试，他们还需要进行另一次测验。结果发现，虽然被试都收到了消极的成绩反馈，但是高自尊被试在第二次测验中仍然会努力；而低自尊被试的第二次测验最终成绩还没有第一次测验好。甚至有一些低自尊的被试不能坚持完成第二次测验，中途就会放弃（Brown & Dutton，1994）。高自尊的人经历一次失败之后，并不会就此判断自己是失败者，他们会将该挫折当作对自己的考验。他会联想到在其他领域对自己的判断，一次失败不能让他们完全否定自己。他们可能会分析失败的原因，继续改进直至取得成功，从而提高自己的自尊。而低自尊的人经历一次失败后，会联想到自我概念中的负面评价，挫折更进一步坐实了这些评价。因此，他们会接受现实，也就不会继续努力去挑战自我。

对自己的判断也会影响人们的人际关系。根据"社会计量器理论"，每个人都想要融入社会，而不想被社会所排斥，而自尊在某种程度上体现了人们被社会接纳的程度，而这种接纳的程度又会反馈回去，促使人们进一步做出反应（Leary，2004）。自尊水平较高的人在社交活动中，会对自己充满信心，因为他们记忆中都是关于自己被别人和社会所接受的经验，他的社交体验也都是积极的，因此在与别人进行交往的时候，他也会更加主动，更加坚持自己的想法，进一步体现自己的价值，而不容易从众。而自尊水平较低的人在社交活动中的处境则完全相反。他们以往可能有被社会排斥的经历，所以会害怕再次被拒绝，个人体验到的价值感是比较低的，对社交活动也会比较谨慎，容易产生焦虑等情绪。这些人在社交活动中会更加被动，存在感较低，容易听从别人的安排，更容易从众（Leary，2004）。自尊水平高的人更容易去帮助别人，这会在很大程度上提升他们的人际关系质量，因为他们内心不担心会被拒绝，即使别人拒绝了他们的帮助，他们也无所谓。而自尊水平低的人通常不会冒着被拒绝的风险，主动地去为别人提供帮助。总体而言，自尊水平高的人的人际关系要好于自尊水平低的人。不论是与朋友的相处，还是与恋人的相处，自尊水平高的人都体验到了更高的满意度（Murray，Holmes，Griffin，2000）。

对自己的判断会影响人们选择和谁交往，也进一步影响了人们的人际关系。依据"自我评价维持理论"（Tesser，1988），有 3 个因素会影响个体的自尊水平，分别是具体的行为表现、与比较者的关系及行为表现与自我的关联程度。行为表现与自我的关联程度，是指行为表现对自己是否是重要的。这 3 个因素不论哪个变化，都会影响到人们的自尊。而有时候，当一个变量发生变化的时候，人们将不得不去改变其他的变量，如此才能提高或维持自身的自尊水平。

在人际关系中，如果自尊受到伤害，人们会将造成这种后果的"肇事者"判断为一个"坏人"，这种想法会导致严重后果。在一项实验中，研究者让一组被试写一篇短文。另一组被试（其实是研究者的助手）将会对他们的文章进行评价。一半被试的文章被评价为"写得不错"，另一半被试的文章则被评价为"写得很差"。然后研究者告诉两组被试，在第二轮实验中，他们会展开户外野战。结果发现，在第一轮实验中文章被评价为"写得很差"的被试，会倾向于选择攻击性较强的武器。当人们得到的评价结果不如意时，人们的自尊会受到伤害；一旦人们获得了惩罚他人的机会，人们的攻击性就会变强（Bushman &

Baumeister，1998）。

对自己的判断也会影响人们的心情。自尊水平高的人会更加开心，因为他们遇到困难也无所畏惧，在社交活动中落落大方，人际关系也更融洽；自尊水平低的人则会体验到更多的焦虑等消极情绪。也有研究者从"恐惧管理理论"的角度来进行解释。依据该理论，人们最大的恐惧来自于死亡，而自尊能保护人们对抗来自死亡的威胁。根据恐惧管理理论，自尊水平较低的人为了避免死亡焦虑，会体验到更强烈的焦虑情绪。

为了维持对自身的积极判断，人们会采用很多方法。"自我设限"（self-handicapping）就是这样一种方法。自我设限是指人们在行为表现未知时，就言明存在某些限制，而这些限制是造成失败的原因。比如，一个学生平时学习不认真，但又面临考试，刚好天气突变，他并没有加衣取暖，结果导致感冒无法继续复习，因此考试成绩不佳。此时他会归咎于感冒，而不是因为自己没有认真学习。对于自尊水平较低的人而言，行为表现不好固然很糟，但更糟的是找不到合适的理由去为自己开解。与自我设限相关的另一种方法是"防御性悲观"（defensive pessimism）。防御性悲观是指为了防止悲观情绪采用的防御性措施。采用该方法的人并非想要悲观的结果，反而更想要获得成功，为了避免可能的失败带来的后果，他们会提前预期失败。这样，万一真的不成功，这种心理防御还能起到缓冲的作用，失败对人的打击就会弱化。比如，某位同学在考试之前总和别人提及自己的睡眠状况很差，无法认真复习，肯定会考砸。考试结果如果很好，那么就说明他真的能力很强；考试结果如果不好，别人会判断为他是因为睡眠状况很差，而不是因为能力不够，仍然可以维护他的自尊。

为了能够维持对自己的积极判断，人们会倾向于将好的一面展示给别人，或者将别人觉得好的一面展示给别人。在一项研究中，研究者告诉被试，他们需要写一篇关于自己一次重要经历的文章。第一组被试写完后需要读给别人听，第二组被试的文章则是匿名的。结果发现，需要公开的文章更多地描述了对别人的感激，而匿名的文章更多地描述了自己拼搏与奋斗的过程（Baumeister，2010）。

## 4.4　我觉得我很好！

大多数人对自己的判断都会比自己的实际情况更为积极，表现为"自我提升偏差"（Jonathon & Margaret，2015），也就是说人们为了达到自我提升的目的，基于自我服务的动机对各种事物做出判断，但是判断结果与事实是有偏差的。人们在无意识的情况下进行判断，会考虑什么呢？人们倾向于自我服务，如果结果是好的，那是因为自己自身能力强；如果结果不好，就会归咎于其他原因，而并非自己能力不足。这被称为"自我服务归因"。在一项研究中，研究者让被试从一系列面孔中识别出自己的脸。这些面孔经过了特殊的变形处理，使得有些面孔看起来会更加具有吸引力，有些面孔的吸引力则会变小。结果发现，人们倾向于将那些更具有吸引力的面孔识别为自己真实的面孔。人们虽然每天照镜子，但却倾向于选择相信美化过的脸更像自己的（Jonathon & Margaret，2015）。可见，人们对于自己相貌的判断也是基于自我服务的。

由于存在自我提升偏差，人们在判断自己对某件事情的付出程度时，通常会高估自己的贡献。一项对家庭的调查研究发现，夫妻双方均认为自己承担了家庭中大部分的家务和责任（Galinsky，Aumann，Bond，2009）。另一项研究共进行了 9 个实验，在每个实验之后，研究者会告诉一半被试做得很好（成功组），告诉其他被试做得很糟（失败组）。当问询被试所做出的贡献时，对比失败组，成功组的被试认为自己为本组的成功做出的贡献要更高（Savitsky，Van，Epley，Wright，2005）。

自我提升偏差的另一个表现是：人们会错误地估计他人的想法，认为他人的思考方式及行为方式和自己是一致的。心理学家将其称为"虚假相似性"。在一项研究中，研究者让学生对道德两难问题进行正误判断，如："你注意到一名优秀的员工将已经用过的打印纸装进了她的包里。公司明文规定，只有员工选择居家工作时，公司才会为他们提供相应的办公耗材。这名员工已经入职多年，熟知公司的相关制度。按照规定，你不得不开除这名员工。但是，你决定不开除她。"在学生们回答完诸如此类的 6 个问题后，让他们判断其他学生会不会做出同样的选择。结果发现，人们通常会过高估计别人和自己判断的一致性（Mullen & Goethals，1990）。

自我服务会导致人们对他人的行为做出乐观的判断。试想一下，如果临近期末考试，一名学生还未开始复习，他会估计有多少人已经复习了？通常情况下，人们都会觉得别人和自己差不多，仅有少数人优于自己。一项针对 9 万人的大型调查研究也发现大部分人对事情的估计都偏向于乐观，而不是悲观（Fischer & Chalmers，2008）。

我们对自己的能力进行判断时，还会出现"虚假独特性"现象（Goethals，Messick，Allison，1991）。也就是说，当我们做得还不错的时候，我们就会觉得自己的才能和品德是异乎常人的，以此提升自我的形象。假如我们询问别人这样的问题："你有没有觉得自己在某些方面特别优秀？"他们的回答肯定会出乎我们的意料。

## 4.5 我们对自己的认识准确吗？

大多数情况下，我们对自己的判断还是相对准确的，但也并非总是如此。请看下面这段描述："你是一个很自恋的人，但有时又有点自卑。你和别人相处觉得很开心，但是不会主动去联系别人。独处的时候，你偶尔会有点忧郁，找不到人生的意义。不过这只会持续一段时间，很快你就可以调整好状态重新出发！你看起来有点内向，实际上内心住着一个有趣的灵魂，你也有特别活泼好动的一面！"绝大多数人都会觉得自己很符合这段表述。用一种笼统的、概括性的语言来描述别人会获得很高的认同，心理学家称之为"巴纳姆效应"。显然，我们对自己的认识不太准确，因为这段话并没有体现出人的独特性，而是对人的一般性描述。也就是说，这段话的描述是没有个体差异的，无法体现个人的特点。

且不说判断不准确，有时我们甚至不想去判断。尤其是在自己的行为与自身的价值观有冲突时，人们会避免对自己做出判断，甚至避免关注自己，如不想照镜子或做点儿别的事情转移注意力。利用这种心理，心理学家查尔斯·卡弗和迈克尔·沙伊儿发现照镜子会降低儿童做"坏事"的频率。在某个节日，研究者把索要糖果的孩子们带到一个空房间前，告诉他们可以进去拿一块糖果，并且只能拿一块。房间里摆着几碗好吃的糖果，孩子们即使不听话，多拿了糖果，也不会受到惩罚。房间里有一面镜子，镜子有时候正着放，有时候反着放。当镜子正着放时，孩子们可以从镜中看到自己，这时大部分孩子都能够抵制诱惑，只拿一颗糖果；当镜子反着放时，孩子们看不到自己的时候，大部分孩子都会多拿糖果。

自我判断可以通过不同的途径实现，包括了解自己的想法、情感和行为。同理，很多因素会影响我们的自我判断。

自我感受会影响人们对自己的判断。一项调查研究发现，在奥运会上，不论是在完赛时还是在领奖时，季军都要比亚军更开心。这是为什么？因为他们的想法不同。亚军常有的想法是，要是自己再努力一点儿，可能就获得金牌了。而季军可能会想，差点就拿不到奖牌了，还好登上了领奖台（Jonathon & Margaret，2015）。

自我标准也会影响人们对自己的判断。当人们把注意力集中在自己身上时，会根据自己内在的标准与价值观来评判和比较自己的行为。在一项研究中，研究者告知被试需要在计算机上完成 15 道题，得分越高获得的奖励就越多。研究者告诉第一组被试，计算机有故障，答题的过程中如果不小心按错键，屏幕会弹出正确答案，而这一过程不会被记录，也不会有别人知道。第二组被试也被告知了这个情况，研究者让他们估计一下自己作弊的次数。第三组被试对此事则毫不知情，只是安静地做题。在实验过程中，研究者会给所有被试带上电极，对他们的情绪状态进行测量。结果发现，第一组被试在做题的时候特别紧张，实际作弊的平均次数是 1 次；第二组被试估计作弊的平均次数是 5 次；第三组被试做题的时候情绪最平静。由此可以看出，尽管人们对自己能否守住原则不是很乐观（见第二组被试），但在真正有机会作弊时，人们作弊的次数要比自己估计的少得多。很多情况下，人们对自身的估计与现实情况是不一致的。

## 4.6　他人对我怎么看？

人们也可以通过他人做出自我判断，比如主动进行社会比较。社会比较通常来说有 3 种：①平行比较，即与能力接近自己的人进行比较，可以准确地判断自己是否胜任某项工作或任务；②上行比较，即与能力高于自己的人进行比较，有助于准确判断自己的努力方向是否合适，以及能否提升能力并实现抱负；③下行比较，即与能力低于自己的人进行比较，有助于鼓励自己，并可让自己更多地思考生存的意义。

他人对我们的评价会影响我们对自己判断。在一项研究中，将互不相识的大学本科生进行分组，两两配对（一男一女）进行实验。研究者告诉被试，他们要通过一次电话交流来相互认识。男生被试被告知可以先看一下对方的照片。其中，一半的男生被试看到的是貌美的女生的照片，另一半男生被试看到的是比较普通的女生的照片。被试的谈话均会被录音。实验结束后，要求男生被试对与其电话交流的女性打分，评价内容包括对方的热情程度和社交技巧。结果发现，不论是关于哪一项，男生对貌美的女生的评价都会更高。女生会得知男生对她们的评价，并且会有另一批男生被试与她们进行电话交流。这次男生被试不会看到女生的照片。电话交流结束后，这批男生被试仍然需要对女生的热情程度和社交技巧进行打分。结果发现，在第一次实验中得到好评的女生在第二轮谈话中的得分依然较高。研究者发现，得到好评的女生会觉得自己很强，在第二轮的谈话中会更加热情、更加注意措辞。

他人的刻板印象也会影响我们对自己的判断。刻板印象是指对某个群体存在一种固定的看法和评价，对属于该群体的个人也给予这一看法和评价。在一项研究中，研究者让成绩水平相同的男生和女生同时答题。如果研究者事先告诉学生测验有性别差异，女生的成绩就会下滑。刻板印象让女生对自己的能力进行判断时产生偏差，影响了她们的表现（Spencer，Steele，Quinn，1999）。

有时候他人的判断会有助于自己的发展。心理学家罗森塔尔曾在旧金山的一所小学做过一项研究。研究伊始，他告诉某个班级的老师们，经过测试发现该班有几名学生的智力超常。隔一段时间，他再次返回这所学校，发现这几名学生的成绩有了很大的进步。实际上，他并没有做任何智力测试，只是在班级中随机地选择了几名学生。但是老师们以为这几名学生的智力特别高，就会对他们有所期待，而这些学生由于感受到来自老师的期望，也会认为自己是特别的，所以学习特别努力。老师的期望影响了学生的感知和行为，学生也会觉得自己真的与众不同，因此会更加努力成为特别的人。

人们对自己的判断也会发生改变。一则轶事讲到一个小乡村里面住着一位老人，附近住着几个调皮的孩子。孩子们每天吵闹，严重影响了老人的休息。老人想出了一个办法。他把孩子们聚在一起，告诉他们谁的声音越大，谁就能得到越多的赏钱。从此，他每次都给吵闹的孩子们不同的奖励。隔了一段时间，老人给的赏钱越来越少。最后无论孩子们再怎么吵闹，老人都不再给一分钱。慢慢地，孩子们都不去老人住的房子附近吵闹了。因为，孩子们觉得若拿不到钱还去吵闹，这样会显得很傻。心理学家用动机来解释孩子们这种行为的变化，称之为"过度理由效应"（Lepper & Green，1979）。在一项研究中，研究者让孩子们完成任务，一开始不给任何奖励（这个时候的成绩是基线水平）。过了一段时间，研究者告诉孩子们只要认真完成任务，便能获得奖励。再过一段时间，研究者说以后不会再给奖励了。研究者发现之后的一段时间里，孩子们对任务的兴趣水平甚至比最开始时的基线水平还要低（Boggiano, Harackiewicz, Bassete, Main, 1985）。这说明当孩子们对任务的兴趣水平很高时，不应该给他们任何外部奖励，因为这会让孩子们本来的内部动机变成外部动机；当孩子们对任务兴趣一般，为鼓励他们投入精力，可以给予适当的外部奖励。

## 4.7　美会影响我们对别人的判断

我们不仅会对自己的各个方面进行判断，也会对他人进行判断。对他人进行判断时，最直接的影响因素是外表。在最近的一项研究中，研究者对大量的面试视频片段进行了分析，其中包括关注面试者的身体语言、自信程度等非言语信息，以及这些信息对面试官录取意愿的影响。研究者发现，外表更有魅力的面试者在面试时会表现得更加自信、更加从容，他们的非语言信息更加有效，而这些信息也影响了面试官的判断。美确实会让人更加自信，也会影响别人的判断，心理学家称之为"晕轮效应"，即外表让我们对一个人的看法发生了泛化。如果我们对一个人形成了好印象，则会觉得对方不论什么方面都好。还有一个原因是"首因效应"。首因效应是指在一系列的信息中，最先出现的信息会给人留下较强烈的印象。在人际交往中，第一印象往往成为日后交往的根据。既如此，我们应该如何降低这种美貌溢价的影响？"具身认知"的相关研究表明，面试时，相对身体语言紧张（如抱着手臂）的面试者，那些姿态更为放松（如叉腰、张开双腿）的面试者更容易被录用（Cuddy，Wilmuth，Yap，Carney，2015）。当人们采用一种体现力量感的站姿时，就可以明显降低美貌对面试的影响（Tu，Gilbert，Bono，2021）。

在过去的 20 年里，人们对面孔吸引力的研究兴趣大增。通过使用计算机合成技术形成人脸图像，人们可以客观地研究有吸引力的面孔具有哪些特征。研究者通过将一组真实的面孔混合成一张合成面孔，证明"平均化"的合成面孔比大多数用来创建它的真实面孔更有吸引力，因为被试给这些"平均面孔"的分数更高（Walker & Vul，2014）。这可能是由于相似性造成的，因为每个人在"平均面孔"上总会找到自己的影子，而人们通常都会喜欢和自己比较像的人。也有研究发现，如果女性的合成面孔中女性特有的特征得到增强，合成出来的"平均面孔"的吸引力还会进一步提升，所谓女性特有的特征包括比平均水平更小巧的下巴、鼻子和比平均水平更高的额头（Cellerino，2003）。

男性对于女性外观的判断具有一致性，而女性对于男性外观的判断却是多变的。通常，拥有大眼睛、突出的颧骨，身体骨架较小及喜欢微笑的女性被判断为更有吸引力（Cunningham, Roberts, Barbee, Druen, Wu, 2005）。男性更喜欢腰臀比约为 0.7 的女性，而且这一偏好在不同的文化中具有相似性（Singh, 1993）。此外，研究者发现，相对于胸部小和臀部大的女性，那些胸部大和臀部小的女性会更受欢迎。如果胸部尺寸一样，只考虑臀部尺寸，则臀部大的女性的吸引力会小于臀部小的女性（Singh, 1995）。通常，女性更喜欢宽肩窄腰的男性，也就是拥有 V 字形身材的男性。而嘴巴大、棱角分明的男性也更加招人喜欢（Singh, 1995）。当然，女性在不同时期会喜欢不同类型的男性，她们对男性面孔的偏好比男性对女性面孔的偏好更加多变。在选择长期伴侣和短期伴侣时，人们喜欢的面部特征也各有不同（Cellerino, 2003）。

当然，我们对他人的判断也并非完全流于表面。在一项研究中，研究者选取两张经多名女性评定的男性照片，其中一张照片中是评价很高的帅哥 A，另一张中是评价很普通的男性 B。研究者模拟了两种不同的生活情境，按照"颜值"高低和利他与否，组合成几种不同的情境。然后，研究者让女性被试读完情境后，对照片中的两名男性在短期暧昧关系和长期稳定的恋爱关系中的吸引力进行判断。结果发现，在长期关系中，A 比 B 更有吸引力；利他比不利他更有吸引力；利他的 A 是最受欢迎的。寻求短期关系时，外表仍然重要，但是太过利他者的吸引力反而会下降。有趣的是，在寻求长期关系时，当 B 表现出利他时，女性被试对其吸引力的判断会显著提高。女性在寻求恋爱关系时，更愿意考虑利他而长相普通的男性，而不是选择利己的帅哥(Daniel，2021)。

## 4.8 自己选择真的很棒！

自我发展程度越高，人们越能独立地做出判断和选择，而不需要依赖别人的帮助，对自己的判断也会越自信。此时，人们相信自己可以控制很多事情，但实际上并非如此。在一项研究中，研究者让被试通过触摸板控制屏幕上的光标寻找特定的图形，被试听到耳机中的指令则开始移动光标，听到停止命令则停止动作。实际上，研究者的助理通过另一块触摸板也在控制光标。接收到停止命令时，被试停了下来，而此时助理在极短的时间内将光标移到了目标图形上。而被试会认为是自己在控制光标，并没有意识到自己的动作与光标的反应有什么对不上（Wegner & Wheatley，1999）。

人们坚信自己的判断正确，因为人们喜欢掌控感。为什么人们买彩票时都要自己选数字？在中奖概率上，让别人随机选数字和自己选是一样的。但有的时候，人们就是会产生一种控制幻觉（Ruback，Carr，Hoper，1986）。也就是说，有控制感让我们觉得生活更加幸福。比如，在监狱里，即使只是给予囚犯移动椅子、开关电视和电灯的权力，这些囚犯也会比那些没有这些权力的囚犯更加健康（Ruback，Carr，Hoper，1986；Wener，Frazier，Farbstein，1987）。

但是，选择的余地太大，反而会影响人们的控制感，也会影响人们对自己判断的信心。这就是为什么频道的数目从 100 个增加到 200 个未必能让电视的使用者更快乐。相比之下，那些无法反悔的选择能够带来更大的满足感。哈佛大学心理学家让摄影课的学生选出两张最满意的照片，并告诉学生，他们要从两张照片中选出一张作为作业上交。被试被分成两组：第一组人可以再次更换照片（期限为 4 天）；第二组人上交的照片无法更换。一段时间后研究者询问学生，对自己的判断和选择是否满意。第二组学生都很满意，而第一组学生的满意程度较低。可见选择面太大会导致人们在选择时及选择后都犹豫不决（张岩，时宏，2015）。

　　人们虽然相信自己做出的判断，但是最后做出的判断也可能与自己的初衷不同。心理学家费斯汀格将被试分成两组。第一组被试需要将一些线圈放到箱子中，这个活动比较无聊。等线圈都放好后，研究者让被试对下一个被试说刚才的活动很有趣。说完后，被试会得到 1 美元的报酬，并需要判断自己刚刚做的事情是否有趣。第二组被试的步骤相同，只是他们在活动后可以拿到 20 美元的报酬，并同样需要判断活动是否有趣。结果发现，第一组被试更容易将活动判断为有趣。研究者认为，这是因为第一组被试拿到的报酬特别少，如果活动本身很无聊，又要告诉别人活动很有趣，他们就会陷入一种认知失调的状态，想要减轻或解除这种失调，就必须改变自己的认知和判断，最后得到的结论是活动其实很有趣。而得到 20 美元报酬的被试无须改变自己的真实想法：他们会认为自己之所以这么说只是为了拿到报酬。

# 第 5 章 判断与人格

了解他人的人格可以更好地对他人做出判断。谈及《红楼梦》中的女性，萦绕耳边最多的名字便是林黛玉与薛宝钗。提到林黛玉，会让人联想到"林妹妹""弱不禁风"和"郁郁寡欢"等词语。而对于薛宝钗，会想到"宝姐姐""雍容华贵""为人世故"及"处事平和淡然"等形容。人们用词语描述他人，其实就是在概括他人的人格。究竟什么是人格？每个个体都有不同的社会角色，但也有一个不变的、统一的、完整的"我"，这个独一无二的"我"就是人格。

若用一个词语来形容柯南道尔笔下的侦探福尔摩斯，人们可能首先会想到他特别聪明，这就是福尔摩斯的首要特质，而除了这个最为重要的特质外，他身上还有别的特点，如行事果断，这属于他的中心特质。同时，福尔摩斯和华生的关系很好，富于幽默感，小提琴也拉得不坏，这些则是他的次要特质。对特质的这种排序源于奥尔波特的人格特质论。他将人格特质分为共同特质及个人特质。共同特质是每个独立个体都会表现出来的特质，个人特质则包括上面提到的首要特质、中心特质和次要特质。

目前，盛行的一种说法是，人格包含性格和气质。性格和气质不同的人，对人对事的看法和态度也很不一样。

## 5.1 天使宝宝与恶魔宝宝

气质这种说法古已有之。关于气质的研究是从古希腊开始的，希波克拉底提出人体内有血液、黄胆汁、黑胆汁和黏液。按照液体的比例不同可以分为 4 种不同的气质类型。多血质（血液占优，热而湿）的人活泼、好交际、思维敏捷，但不够沉稳，如王熙凤。胆汁质（黄胆汁占优，热而干）的人热情豪爽、易冲动、勇猛刚强，但容易感情用事，脾气也大，如张飞。抑郁质（黑胆汁占优，寒而干）的人敏感多疑、多愁善感，常有深刻的情绪体验，如林黛玉。黏液质（黏液占优，寒而湿）的人性情温和、沉默寡言，处事淡定而稳重，自制力强且固执，如林冲。这种分类方式当然缺乏科学依据。但如今的研究者有时仍会使用体液说，原因是这 4 种类型的划分简单明了，在某种程度上还是有效的。

气质一般被认为是天生的。判断儿童的气质，通常要看其日常行为表现。20 世纪 70 年代，托马斯和切斯等人（Thomas & Chess, 2013）依据儿童的神经系统活动性，区分了 3 种气质类型：容易型、迟缓型和困难型。容易型儿童每天都心情愉悦，吃饭和睡觉也比较有规律，容易适应新的环境，长大后喜欢接触新环境和新事物，人际关系较好，沟通能力强，生活较为自律。迟缓型儿童不太活跃，情绪较为悲观，容易哭哭啼啼，长大之后比较内向，不善人际交往，情绪起伏不强烈，较为稳定。困难型儿童无论别人如何劝诱，都处于一种消极状态，对外界刺激不敏感，很难融入人群，适应环境的能力比较差，长大后想法比较消极，人际交往与沟通能力较差，自控能力较弱。

儿童会对自己身边的其他儿童的情绪进行判断，产生共情。共情（empathy）是指个体站在他人的角度去理解他人情绪、体验他人感受的能力。出生刚刚一天的婴儿，听到自己哭声的录音也会跟着哭；听到和自己一样大婴儿的哭声及不满 1 岁的婴儿（11 个月）的哭声时，自己也会跟着哭（Martin & Clark, 1982）。

儿童也能对别人的需求进行判断，并给予帮助，表现出利他行为。利他与共情是不一样的。利他人格（altruistic personality）是指考虑他人的需求、主动关心他人、处处为他人着想并表现出实际行动的一种持久倾向（Penner，Dertke，Achenbach，1973）。简而言之，利他就是只求付出，不求回报。目前，人们并没有找到一种普遍的利他人格（Darley，1995）。4~5岁儿童同意别人使用自己的东西，或者愿意将本来属于自己的东西当成礼物送给别人。一些研究也从利他的角度探索环境与人格对儿童与青少年判断和行为的影响。例如，斯坦福监狱实验、从众实验、服从实验等均证明环境会对人们的判断和行为产生很大的影响。甚至一些很小的环境改变也会让人们的行为发生改变。而人格对行为的影响也得到了一系列实验的证明。争论还在继续，不过当代心理学家们已开始认可人格因素对人们行为决策的影响。

## 5.2 耿直有什么不好吗？

与气质不同，性格是后天形成的，会受生活环境的影响和制约。性格几乎囊括了人各方面的心理特点，具有较强的可塑性。性格与气质有紧密的联系，不同气质类型的人长大后可能会形成不同的性格，气质的不同也会影响性格的形成与发展。

判断一个人属于哪种性格，可以借助心理测量工具。常用的心理测量工具是大五人格量表，它可以很好地描述一个人的性格。大五人格包含五个维度：神经质，外向性，开放性，随和性，以及尽责性。这五个特质对应的英文单词的首字母可以组成一个新的单词——"ocean"，所以常有人将其称为"人格的海洋"。

神经质是指一个人情绪稳定的程度。神经质高的人情绪不稳定，容易感到疲倦，在人际关系中常常担心自己的举动是否正确。神经质低的人情绪比较稳定，在和别人相处的时候比较能够控制自己的情绪。

外向性是指一个人乐群、自信及活跃的程度。外向性高的人喜欢参加社交活动，热衷于交往，喜欢引起别人的注意，喜欢成为聚会的焦点；外向性低的人更喜欢一个人独处。外向性高的人在社交时更容易体会到积极的情感，而外向性低的人独处的时候更能体验到积极的情感。

开放性是指一个人思维发散、富有幻想及审美的程度。开放性高的人喜欢新奇的事物和体验，如喜欢尝试新食品、喜欢玩刺激冒险的游戏、想象力丰富、梦境生动、解决问题的办法更多。开放性低的人更因循守旧，饮食习惯相对固定，想象力相对匮乏，解决问题的办法也比较单一。

随和性是指一个人坦率、温和、容易相处的程度。随和性高的人喜欢用沟通解决冲突，更容易建立起融洽的人际关系，看起来比较平易近人，攻击性较低，受人欢迎，人缘好。随和性较低的人看起来比较冷淡，不好相处。

尽责性是指一个人的责任感及自律程度。尽责性高的人，学习和工作努力、负责，值得信赖，绩效更高，社会等级更高，工作满意度和职业安全感更高，社会关系和家庭关系更为融洽也更加稳定。尽责性低的人通常责任心不强，工作满意度较低，在婚姻关系中也相对不愿承担责任。

对他人性格的判断，通常不需要长时间的相处。有研究者安排了一些陌生人到一些大学生的寝室参观 15 分钟，并按大五人格量表给寝室主人的不同方面打分。结果发现，在外向性和随和性方面，陌生人远不如好友的评价准确；在尽责性、开放性和神经质三个维度上，仅仅参观过寝室的陌生人的评价要比好友的评价更准确。在总体评价得分上，陌生人也要比好友更高（格拉德威尔，2011）。

大五人格量表无法涵盖所有性格类型，对性格的判断还要考虑一些特殊情况。比如，有这样一种人，不管别人提什么要求，他都会尽力满足。这就是所谓的讨好型人格。对这种人格特质其实并没有特别统一的、严谨的定义。一般而言，讨好型人格的人善于察言观色，同理心强，是贴心的好朋友、好同事。他们愿意满足别人的要求甚于满足自己的意愿，甚至不答应别人自己会感到内疚。讨好型人格的人或许内心十分柔弱，在潜意识中有一种"我不配"的念头。他们需要通过"虐"自己，承担那些本不该自己承担的事，才会觉得自己堪称好朋友、好同事及好恋人。目前，已有研究者编制了关于讨好型人格的成熟量表可用于测试，如"讨好型人格量表"可以对个体的这种人格进行准确评估（欧咏恬，梁平原，陈潇，等，2021）。

自恋是另一种特殊的性格类型。自恋是自信的极端化，但也不尽然。如何判断一个人是真的自信到自恋，还是故意表现得极端自信，以掩藏内心的自卑？从发展心理学的角度来看，自恋者的内心或许普遍比较自卑。心理学家认为，人们在成年时期表现出各种夸张的自恋行为，是由于没有很好地完成"去自我中心化"。在学龄前及青春期，人们会经历两个"自我中心期"。在这两个时期，人们都会认为自己是焦点，周围的人都在关注自己。但并不是所有的人在这两个时期结束后，都能意识到事实并非如此。自恋行为或许是这些人用于吸引他人关注的一种手段。

# 第 6 章　判断与记忆

记忆对人们的日常判断非常重要。记忆的过程包括识记、保持、再认（或回忆）。如同一台电脑，识记是人脑对感觉器官接收的刺激信号进行编码；保持是人脑将编码的事物存储起来；再认是大脑中存储的事物出现在眼前时，大脑能够辨认；回忆则是指即使存储的事物不在面前，人脑仍能再现这个事物。

人们通常都能准确地判断自己一天中是否做过某件事，但是要判断是否正确记住了课本的知识就很困难。这是因为记忆有不同的类型，负责不同类型的记忆的脑区也不一样。按照记忆内容的属性，记忆可以分为情景记忆和语义记忆。情景记忆是指人们对于某件事情的记忆，像我们记得曾经去过某个地方，比如，我们能回忆起在华山攀岩时的场景和体验。语义记忆是指人们对各种知识和规律的记忆，像我们可以记住书上的内容，比如数学公式等。按照信息加工和存储的方式，记忆又可以分为陈述性记忆和程序性记忆。陈述性记忆是指对某些事件和信息的记忆，比如记得好朋友的名字。程序性记忆是指对某些程序性的活动的记忆，比如记得怎样开车、写字等。能否正确记住某件事会影响人们的日常判断，当然即使记住了，也存在提取错误的风险，而这种可能性同样会影响人们判断的准确性。

## 6.1　你能记得多"小"的事？

"小"的定义不止一种。心理学家常常会询问别人："请你想想自己最早的记忆是什么?""这样的记忆多不多?""你是否确定这是你最早的记忆?""这件事情是发生在什么地方?""当时还有谁在场?""这件事情发生的时候,你几岁?"研究者发现,人们记忆中比较具体的、有细节的最早的经历多发生在 4～6 岁时,对那以前的事,很少有人能准确地还原出来。

在记忆的量方面,即使成年以后,人们能一次性记住的内容也是有限的。如果在屏幕上非常快速地闪现一串数字"18592645743",人们可能难以回想起来。但呈现同样长度的另一串数字"13119951010",人们能回想起来的概率就要大得多。因为后面这一串数字更有规律,可以分为"131""1995"与"1010"的组合。这种在人们的大脑中形成的既定组合被称为"组块",而人们同时可以加工的组块数量为 7±2。具体一个组块可以包含多少信息因人而异,与学习经历和生活经验有关。

有时人们的记忆判断会错得很离谱。有研究者在路边随机地找人询问路线,在双方谈话的过程中,会有两个人抬着木板从研究者和被询问的路人间穿过。在木板遮挡住路人的视线时,另一个人会与研究者调换,然后接着与路人谈话。结果,几乎一半的路人都不会发现面前谈话的人已经变了(Simon & Levin, 1998)。当人们的注意力完全集中在某件事情上时,人们就会忽略周围发生的变化。这些变化就变成了他们"视而不见"的信息。

另一些情况下,人们的记忆判断会变得很准确。如果变化突然发生,或者令人印象非常深刻,就更容易被人们记住,它们给人的感觉也会更加强烈。心理学家将这种记忆称为"闪光灯记忆"。通常,人们更容易记得有情绪卷入的事情,也更容易回忆起细节。比如,亲人离世会让人长时间处于悲痛中,人们对该事件甚至其他相关的事物都会记忆深刻，并且在回忆时会伴随沉痛的情绪体验。

但对饱含负面情绪的经历，人们也可能会选择性遗忘，导致记忆判断不准。在一部经典的电影《爱德华大夫》中，格利高里·派克主演的"爱德华大夫"邂逅了美丽的心理医生彼特森。彼特森很快发现"爱德华大夫"对条纹和线条状的物体会有奇怪的反应，并确定这位"爱德华大夫"是假冒的。心理医生最终发现，"爱德华大夫"因儿时误伤了自己的弟弟，感到极度内疚，后又目睹了真正的爱德华大夫的死，受这种强烈的内疚感的左右，产生了动机性遗忘，一度以为是自己杀害了爱德华大夫。可见动机性遗忘会让人们混淆真相，无法准确地进行判断。

有时短暂的遗忘，也会影响人们的判断。很多人都有过这样的经历：正和别人谈着一件事情，突然忘记了准备要讲的内容。心理学家将这种现象称为"舌尖效应"。如果将编码和提取特定信息的场景统一起来，就能克服这种现象。比如，许多考生都有在考试前去考场看看的习惯，还有的考生会提前进入考场，坐在里面感受一下。运动员比赛前通常要适应一下场地，或者进行预赛。这些都是因为人们的记忆依赖于状态和情境。当提取信息的状态和情境与编码、存储信息的状态和情境一致，信息的提取就会比较容易。在一项实验中，研究者将潜水员分成两组，让一组潜水员佩戴水下呼吸器在海滩上学习单词，另一组潜水员戴着相同的装备在水下学习单词，这些单词和潜水毫无关系。然后，研究者分别在海滩上或水下测试他们记得的单词数。结果发现，当编码和回忆的环境相匹配时，成绩明显高很多，也就是说，在海滩上学习并在海滩上测试，以及在水下学习并在水下测试的成绩，要明显好于在海滩上学习在水下测试，或者在水下学习但在海滩上测试的成绩（Gooden & Baddeley, 1975）。当人们在咖啡馆喝咖啡的时候，突然响起的背景音乐很容易让人们回忆起之前在同一家咖啡馆放同一首歌时发生的事情。

## 6.2　记忆会扭曲吗?

记忆一旦扭曲，会影响人们的判断。巴特利特（1932）早期的一项研究曾对人们的回忆进行了测量。他让大学生阅读一则故事，隔一段时间后，要求这些学生重新回忆该故事。研究者发现，一段时间后这些学生记住的故事情节会变少，他们回忆起来的故事越来越短。这一结果是合理的，因为人们都会遗忘。但是，研究者还发现人们会按照自己的理解重新编造故事，使自己写下来的故事更加合理，同时并不认为自己写下来的内容是有偏差的。这说明记忆的确会发生扭曲。

不仅对文字，对图像的记忆也会发生扭曲。在巴特利特（1932）的实验中，研究者呈现给人们一幅图，过一段时间后，让人们按照自己的记忆重新画出这幅图。结果，每隔一段时间，人们画的画都不一样，而且会越来越形象生动，看起来栩栩如生。记忆中如果出现了缺失，人们往往会通过逻辑推理、猜测或填补一些新的信息去重新建构这些缺失的部分，这一过程称为记忆重构。巴特利特（1932）认为被试在回忆时往往以耳熟能详的词取代一些比较抽象的概念，而且随着时间的推移，被试会将更多的内容替换，也就更容易回忆错误。被试在重塑自己的记忆时，会按照记忆中的原有图式进行。这些图式有如下功能：①标准化，一些没有规律的内容会慢慢按照自己的逻辑形成自己的记忆，有些不重要的细节会慢慢被遗忘掉；②锐化，若记忆中某件事情或某个对象的某些特征比较突出，随着时间的推移，这些特征会变得更加突出；③合理化，记忆中某些不合理的事会慢慢变得合理，向自己期望的方向变形。巴特利特认为记忆是一种心理重建的过程，而且这个过程会受到人们的文化态度和个人习惯的影响。

让人们判断自己是否有过某些经历，在他人的"帮助"下，人们的记忆可能会扭曲。在一项研究中，研究者要求被试在校园里散步。第一次散步时，研究者会让被试停下来做一些动作，或者想象自己做一些动作。一天后，研究者再让被试在校园中散步，并在上次停留的地方和其他一些地方停下来，想象自己做一些动作。两周后，第三次散步，研究者要求被试回忆第一次散步时的情形。被试要判断当时自己是具体做了某个动作，还是想象自己做了某个动作。结果发现，被试经常把当时自己想象的动作回忆为实际做了的动作（Seamon，Philbin，Harrison，2006）。

对同一件事情的问法不一样，也会影响人们的判断。研究者让所有被试看同一个关于车祸的视频，第一组被试要判断"两辆车重重地撞击在一起时，速度分别有多快"；第二组被试要判断"两辆车撞击在一起时，速度分别有多快"。结果第一组估计的车速要比第二组估计的车速快 10%。一个星期后，研究者让被试判断是否在视频中看到了玻璃碎片。第一组有 1/3 的被试报告说看到了玻璃碎片，第二组有 14%的被试报告说看到了玻璃碎片，但其实视频中并没有出现玻璃碎片（Loftus & Palmer，1974）。

# 第 7 章 判断与情绪

情绪对人们的判断也会产生重大的影响。当人们的情绪发生变化时，人们对他人乃至周围事物的判断都会发生变化。常见的例子是，人们在生气时，即使是劝解，听起来也充满了恶意；而在高兴时，即使是批评，听起来也像是善意的提醒。情绪具有普适性，不仅人类有情绪，动物也有。人类的基本情绪有 7 种：高兴、悲伤、愤怒、厌恶、恐惧、惊讶和蔑视。情绪产生时，会伴随生理唤醒、主观感受及外部行为表现。生理唤醒是指人体的一些生理变化。基于这一原理，人们可以使用测谎仪测量嫌疑人有没有说谎。因为人们一旦说谎，生理指标就会发生变化，测谎仪测得的数据也会发生直观的波动。主观感受是指人们的内心体验。比如，当人们买到喜欢的东西时，内心止不住喜悦；当人们听到治愈的音乐时，内心也会觉得平和安乐。外部行为表现则包括面部表情、肢体动作等，它们都能传达人的情绪。

情绪的不同加工方式也会影响人们的判断。情绪加工有两种途径：一是通过大脑的边缘系统进行直接加工；二是基于大脑皮层做出的理性分析进行加工。大脑的边缘系统又称"情绪脑"，大脑皮层又称"理性脑"。总体而言，情绪脑的反应比较迅速，是人的直觉反应，属于系统 1；理性脑的加工比较审慎，需要花费时间，属于系统 2。情绪的这两个加工途径，以及面对不同情况时如何取舍经历了世世代代的演化，有利于人们更好地适应、生存和繁衍。

## 7.1 看懂所有人的情绪

当别人对着我们笑时,说明他一定喜欢我们吗?不一定。人们可以判断出别人的真实想法吗?也不一定。风靡一时的美剧《别对我说谎》以情绪研究专家艾克曼的研究为基础打造,讲述了一位微表情专家如何通过识别嫌疑人的微表情侦破诸多悬疑案件。该剧描述了人们在撒谎时的诸多习惯性动作。比如,一个人不由自主地摸自己的脖子,说明这个人有很大可能是在说谎;一个人单肩耸动,说明他对自己刚刚说过的话缺乏自信;等等。除面部表情外,肢体语言也可以帮助我们判断别人的真实想法。比如,如果有人将双臂交叉叠放在胸前,则表明这个人不想与别人交流,更注重保护自己。如果一个人在说话时将手一直插在衣服口袋里,则说明这个人可能很紧张。读懂别人的面部表情和肢体语言,有助于我们准确地判断别人的想法及别人对我们的态度。

婴儿也会用情绪表达自己的感受,人们可以通过婴儿的表现来判断他们的需求。新生儿会微笑、哭泣,能够表现出对别人的喜欢和恐惧,会用消极情绪(比如大哭)唤起照顾者的注意。尚未发展出社会性微笑的婴儿在熟睡时会"假笑"。3~4个月的婴儿已经会生气。6个月左右的婴儿如果感到开心,会发自内心地笑;在看到自己害怕的事物时,也会表现出恐惧。两岁时,儿童已经会表达愤怒和伤心;学龄前儿童已能准确地表达各类基本情绪。

但是,人们表达情绪的方式是放之四海而皆准的吗?已有研究发现人们对他人情绪的识别具有高度的一致性(Ekman,Sorenson,Friesen,1969)。研究者搜集了代表基本情绪的图片,选择来自美国、阿根廷、巴西、智利和日本的被试,分别对照片中的表情进行判断。结果发现,所有的被试对愤怒、厌恶、恐惧、高兴、悲伤和惊讶的判断有着高度的一致性。但是，该实验存在一个问题，即研究者选择的所有被试都来自高度发达的现代文明社会。这些被试日常接触的各种外来刺激，尤其是视觉刺激具有一致性。在进一步的研究中，研究者选择了新几内亚土著人对实验一中的图片再次进行面部表情判断。由于当地语言中代表同一种表情的词语很多，为了保证实验的准确性，研究者让新几内亚土著人选出最能代表照片中表情的故事。实验结果发现，对愤怒、厌恶、恐惧、高兴、悲伤和惊讶的判断，新几内亚土著人与美国人也有着高度的一致性。在第三个实验中，研究者想要探究来自现代文明社会的被试如何对"前文明文化成员"（如新几内亚土著人）的面部表情进行判断。他们招募了一批美国被试，让这些被试判断照片中新几内亚土著人的表情。结果发现，被试对愤怒等基本情绪的判断仍有着高度的一致性。在第四个实验中，研究者想探究人们自发的表情是否是一致的。他们招募了美国和日本学生作为被试，让他们观看一部压力电影，并记录下他们看电影时的面部表情。结果发现，美国学生和日本学生在观看电影的不同片段时面部表情非常相似。这些实验说明，人类对一些基本面部表情的判断与识别有着高度的一致性，包括愤怒、高兴、害怕、惊讶、厌恶和悲伤。每种情绪都对应于一种特殊的面部表情。

## 7.2 不论心情好坏都愿意帮忙

唤起人们的积极情绪，对人们的判断和行为有很大的影响。开心的时候，人们会将帮助自己的人判断为好人，也更愿意回报。在一项研究中，研究者将被试两两分组，要求每组的两名被试都对很多画作进行打分；每组中都有一名被试是真被试，另一名则是助理假扮的。中场休息时，一半的组中，助理假扮的被试会出去买两瓶汽水，分给真被试一瓶；另一半的组中，假被试不买汽水。打分结束后，假被试会对真被试说："你能不能帮衬一下，购买我正在售卖的抽奖券？如果你中奖了，可以拿到奖品。我卖得越多，奖金就越高。你能不能买一些？多少都行，当然多多益善。"同时，假被试会告知对方价格。在实验前，研究者已先行付给被试该实验的报酬，以确保他们有足够的钱买抽奖券。结果发现，喝了汽水的真被试更愿意慷慨解囊去帮助别人，而没有喝到汽水的被试则不愿意花钱购买抽奖券（Regan，1971）。得到别人的帮助后，人们会觉得很开心，此时若别人也提出希望能得到帮助的要求，人们会更愿意去帮助别人。在一项研究中，研究者会给被试打电话，拨通后告诉被试打错电话了，但是现在已没有了零钱，问被试能否帮他打一个电话。其中一半的被试会在接到这个电话之前收到一个礼物（文具），另一半的被试则不会收到礼物。研究者发现在第一种情况下，有80%的被试愿意帮忙；而在第二种情况下，只有 10%的被试愿意（Isen，Clark，Schwartz，1976）。

为什么人们在心情愉悦时更容易满足别人的要求？一方面，人们会对别人的需求及自己的能力进行评估，如果别人需要的帮助是自己力所能及的，不用耗费过多时间和精力，同时帮助别人还能给别人留一个好印象，人们就会选择出手帮忙；另一方面，在人们心情愉悦时，选择帮助别人可以维持这种好心情，反之如果拒绝别人，不提供帮助，则会影响自己的情绪。

但是，人们会为了保持好心情而"帮助"别人对他人实施伤害吗？并不会。在一项研究中，研究者将被试随机分成两组，并给其中一组分发饼干。研究者告诉两组被试中各一半的人，在接下来的实验任务中，他们需要帮助他人；给另一半被试的指示则是，他们需要在接下来的实验中伤害他人。结果发现，相比没有拿到饼干的被试，那些拿到了饼干，因此心情较好的被试更愿意听从实验者的安排去帮助他人，但即便是他们也并不愿听从安排去伤害他人。显然，伤害他人会破坏自己的好心情（Isen，1993）。

既如此，在心情不佳时，人们仍然愿意去帮助他人吗？是的。研究发现，即使带有负面情绪，人们也更愿意做出友善的行为。一项研究发现，人们在心怀内疚时，反而会更有善心。研究者招募被试参加一项关于小鼠"成长与发展"的研究。被试被告知自己的主要任务就是监控身旁的电压表，电压表与小鼠活动区域的某个装置连在一起。该装置会不停地对小鼠施加轻微的电击。被试需要确保电压维持在一定的水平上，否则小鼠就会有生命危险。研究者告诉被试他会在隔壁房间观察小鼠，可实际上，研究者通过摄像头观察被试的反应。实验开始时，所有的被试都在认真监控电压，过了一段时间，他们开始观察小鼠。一半的被试在观察时会发现小鼠突然被较强的电流击中，开始尖叫并到处乱跳。紧接着，他们会听到研究者喊："出事了，小鼠情况不佳……"另一半的被试看到小鼠一直活蹦乱跳，平安无事。实验结束后，研究者会带被试去领报酬，并询问被试是否愿意为一项慈善事业捐款。结果发现，前一半被试更愿意捐款，而且捐款数额更多（Regan，1971）。实验者认为目睹小鼠受到伤害的被试，因为自己没能做点什么，会产生内疚感，因而更愿意捐款。在此研究的基础上，也有研究者设计了另一项实验，以缓解被试的内疚情绪。实验的操作流程基本一样，仍然分为两种不同的情况。只是在第一种情况下，小鼠出事时，研究者告诉被试："电线短路了，但这和你们无关，不是你们造成的。"因此，被试不会感到内疚，或者内疚感比较低。实验结束后，研究者也会询问被试是否愿意为一项慈善事业捐款。结果发现，即使研究者减轻了被试的内疚感，这些被试仍然更愿意捐款,并且数额与之前实验中那些内疚的被试捐赠的数额差不多。可见,仅仅目睹小鼠受伤害,人们就会想要做些好事(Miller,2009)。

如此看来,不管别人心情如何,直接提出要求,往往更容易获得帮助。当然具体怎么提要求,对最后的结果也有影响。如果害怕被人拒绝,那么就先提一个大的要求,再提一个小的要求。心理学家称之为"留面子效应"。查尔迪尼等人(1975)做了一项实验来验证该效应。研究者在亚利桑那州立大学招募了一些大学生,问他们是否愿意义务性地担任青少年管教所的辅导员,大概需要两年的时间,并且每个星期至少要有两个小时待在那里。基本没有学生接受这个要求。研究者在提出这个要求后会继续提第二个要求,问大学生们能不能陪管教所的一些孩子们去动物园玩一天。对此,一半的大学生表示同意。研究者另找了一批大学生,直接问他们能否可以陪管教所的一些孩子们去动物园玩一天,这次只有很少的人(17%)表示同意。

与之相对应的另一个心理学效应叫"登门槛效应"。这一效应在推行新政策时常被使用。某市规划部想让本市居民在门前的草坪上放置标语牌,上面写明"小心驾驶"。于是,他们先拜访这些住户,问他们能否在房子的某一扇窗户上贴一个关于安全驾驶的小标语。很多人都同意了。两周后,他们再次登门拜访,问这些住户能否在自家草坪上放置关于安全驾驶的标语牌,这次有 76%的人同意;如果直接对居民们提出放置标语牌的请求,则只有 17%的人会同意(Freedman & Fraser,1966)。这说明对别人提要求时,可以先提一个比较小的别人很难拒绝的要求,当人们做到后,再提出大一点的要求,循序渐进地实现自己的最终目的。

有时,人们可能并没有发现情绪对自己的判断产生了影响。在一项研究中，研究者招募了在校大学生，把他们分成 3 组，分别给他们注射肾上腺素。该激素可以使他们处于生理唤醒状态。但是，研究者给每组被试的指导语是不一样的。第一组被试接收到的指导语是关于注射肾上腺素的真实反应，如手抖、心慌等；第二组被试接收到的指导语是与真实反应不一样的，比如，注射会让人出现双脚发麻等现象；第三组被试则被告知注射后不会有副作用。之后，研究者让所有被试分别进入两种情境：一种是看一些愉快的、滑稽的表演；另一种是被迫回答一些很繁琐的问题，尽量让被试情绪暴躁。结果发现，第二组、第三组被试在第一种实验情境下的情绪比较愉悦，在第二种实验情境下表现得很愤怒；第一组被试则不管处于哪种实验情境都表现得很冷静（Schachter & Singer, 1962）。既然所有人的生理唤醒水平都差不多，由于指导语的不同，人们对药物的影响有不同的判断，因而在愉快及愤怒的情境中产生了不同的反应。这也说明情绪的产生需要高度的生理唤醒和高度的认知唤醒。生理唤醒与认知唤醒的匹配与否会影响人们的判断。

## 7.3 保持好心情

保持好心情对人们很重要，因为心情愉悦时人的判断更为准确。在一项研究中，研究者招募了内科大夫对一个复杂的病例做临床诊断。第一组大夫在实验前先得到一些小礼物，如一包糖；第二组大夫则没有得到任何东西。实验结果发现，礼物让第一组大夫的幸福感得到了提升，也提高了他们的创造力，他们做出临床诊断需要的时间也比第二组大夫要少（Isen, 1993）。

如何通过诱发积极的情绪状态来提高人们判断的准确性？人们通常都希望与其他人分享自己的负面情绪，并相信聊天有助于他们从负面情绪中解脱。研究者想知道情况是否如此，即是否谈论情绪能够让人们真实地知觉到获益。为此，他们让第一组被试把自己最痛苦的经历说一遍，然后与研究者深入讨论自己的情绪；第二组被试只描述最痛苦的经历，然后与研究者讨论别的事情；第三组被试讨论话题不限；第四组被试则不说话。随着时间的推移，所有被试的消极情绪都在减轻。但在第3天、第7天及2个月后，第一组被试都没有比其他组的被试表现出明显的情绪恢复，尽管他们比其他任何组的被试都报告了更多的主观获益，也就是说，他们感觉自己好多了，但情绪测量表明他们与其他组被试在情绪变化上没什么不同（Zech & Rimé，2005）。

是否还有其他办法可以让人们保持积极情绪，提高人们判断的准确性？研究发现认真写日记是有帮助的，而且最好带着感恩的心态来写。在研究中，研究者向被试随机分配任务：记录烦恼的生活事件、列出感恩清单、记录中性生活事件或进行社会比较。同时，研究者会记录所有被试的情绪状况、应对方式、健康行为、身体症状和总体生活评价。实验发现，相比之下，列出感恩清单的被试的幸福感有所提高（Emmons & McCullough，2003）。另一项研究对人们在大约11岁时撰写的自传进行评分，并对他们在75岁到95岁之间的情绪进行了评分。结果发现，早年自传中的积极情绪和晚年死亡风险间存在强烈的负相关，也就是说，早年间记录的开心事越多，晚年的寿命越长久（Danner，Snowdon，Friesen，2001）。

不少人觉得做白日梦让人很开心，将白日梦记录下来也有助于人们保持积极的心态。研究者让81名大学生被试连续4天，每天用20分钟围绕以下4个主题中的一个写几段话。这些主题分别为：生活中最痛苦的事、未来最好的自己，两者都写，以及一个不带情绪色彩的话题。研究者发现，第二组被试的幸福指数最高（King，2001）。畅想未来时，将头脑中的想法记录下来，更容易让人们保持积极的情绪。

另一个方法是让日记充满感情。在一项为期 5 个星期的实验中，研究者招募了大学生被试，将他们随机分为实验组和对照组。实验组的被试要写下他们对重要朋友、亲戚和/或恋人的感情，时间为 20 分钟。在同样的时间内，对照组被试要记录一些无关痛痒的事。在实验前后，研究者分别对两组大学生的胆固醇水平进行测量，结果发现，实验组被试的胆固醇水平在实验后会显著下降，而对照组被试的胆固醇水平则没有发生这一变化。此外，研究者还发现第一组被试变得更快乐，压力也更小（Floyd，Mikkelson，Hesse，Pauley，2007）。

如果实在不想写日记，还有其他的方法，比如多运动。运动超过 30 分钟，有助于保持积极的情绪，也能提高人们判断的准确性。

## 7.4 受挫的影响

当一个自认为是好人的人遭受了挫折，或者自己也做了坏事后，他可能会开始觉得那些原来认为决然不对的事情现在看起来也没有那么坏，他开始同时容忍好与坏。这便是挫折的作用。心理学家对于挫折有不同的界定。有些人认为挫折是外部事件引发的人们做出的反应（Berkowitz，1989）。有些人则将挫折视为一种客观情境（Dollard et al.，1939）弗洛伊德（1958）认为挫折是实现目标的障碍，以及实现目标的内部阻碍。还有人（Amsel，1992）认为挫折是在本应该有的奖励没有出现或延迟出现的情境中人们的感受，或中断正在进行的工作、阻碍目标的实现时人们的负面情绪（Rothbart，Ahadi，Hershey，Fisher，2001）。简言之，研究者从主观与客观两个方面来界定挫折。本书中，我们谈论的挫折更像是一种客观情境,并且在这种情境中人们未能实现自己的目标。

20世纪初期,耶鲁大学的人类关系学会发表了关于挫折的专题论文,引起了行为科学领域的轩然大波。以多拉德等人(1939)为首的研究者提出了挫折攻击理论,试图使用一些基本的概念解释人类攻击性行为的实质。他们认为挫折是攻击的唯一原因,挫折总会引起攻击,挫折对于人们所期待的愿望的实现是一种阻碍。在其观点中,挫折是指一种外部情境。斯皮尔伯格等人(1974)的研究支持了多拉德的观点,然而这一观点引起人们广泛关注的同时也饱受争议。班杜拉(1973)认为挫折只会产生一般的情绪唤起。巴仑(1977)则认为挫折对于攻击行为而言并不是一个非常普遍的或重要的原因,若是阻碍了目标的达成,并且人们不期望的情况发生,可能会导致攻击行为。而贝科维茨(1989)认为多拉德等人没有对工具性的攻击及敌意性的攻击做出区分。敌意性的攻击的主要意图是伤害别人;工具性的攻击可能是为了其他原因,人们在不同的时间点攻击别人,可能是由于他们认为这些行为可以带来别的益处,如金钱、社会地位等,而不是因为他们过去遭受了挫折。

鉴于此,贝科维茨(1989)提出了对挫折攻击理论的修正,使用认知新联想模型(cognitive neoassociation model)来解释挫折与攻击的关系(Berkowitz, 1983; Berkowitz, 1989)。此模型认为人们在遇到挫折后,形成的情绪与反应分为两个不同的阶段。在不同的阶段中,人们的反应都与他们的记忆、想法及情绪相关联。与特定情绪有关的认知图式在第二阶段比第一阶段更为重要。在第一阶段中,厌恶的事件使人产生负面的情绪,从而自动化地产生一系列的反应、感觉、想法及与"战或逃"反应相关的记忆。害怕的体验与逃离/回避趋势有联系,并会激发与此有关的想法等,而生气的体验会伴随攻击性的情绪,以及与攻击有关的想法、记忆及情绪表达和身体感觉等。在早期阶段,生气及害怕等情绪体验自动产生，认知过程则没有太大的作用；在后期阶段，人们会对发生的不高兴的事件进行因果归因，考虑自身感受的本质，试着控制自己的情绪和行为等。迪尔等人（1995）的研究也进一步验证了贝科维茨的观点。

认知新联结主义模型所谓的"战或逃"（fight or flee）反应如图11所示。我们认为，当人面临挫折情境时，如果不能争斗，他一定会面临一个情绪调节或广义上的心理调适过程。这样一个调适过程的目的是缓和人的状态。状态的缓和必然伴随着认知的改变。认知的改变意味着要将一种观点变成与之不同的观点，也可能意味着接受一个与现有观点完全不同的观点。

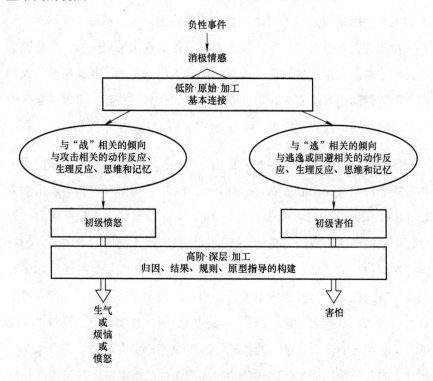

图11 愤怒的认知新连接主义解释（Berkowitz，1989）

有研究（Rutuja et al., 2012）认为人们经历挫折后会表现出 4 种反应：退行（regression）、停滞（fixation）、顺从（resignation）、以及攻击（aggression）。退行是指在发展过程中后退，也就是一个人退回到早期的思维或行为模式，如行为模式变得幼稚；停滞是指抵抗改变；顺从是指对以前感兴趣的事物参与程度降低；攻击则是指感到不公平、充满怨恨、易与他人争吵、反对传统等。而巴尔斯等人（2011）认为人们在社会情境及非人为的情境中，都可能遭受挫折，之后人们通常会有 3 种反应：抑郁、攻击及中立。

# 第3部分　道德判断

如果一个人知道自己的父亲杀了人，且不说出于什么样的动机，这个人应该怎么办？是隐而不发、秘而不宣，还是大义灭亲地告发之？

这是一段著名的公案，孔子首先提出这个问题，哲学家称之为"亲亲相隐"或"亲亲互隐"问题（见《论语·子路》《孟子·尽心上》）。

支持者认为"亲亲相隐"维护了儒家核心的关系伦理，君君臣臣父父子子，处于何种关系之中，便行何种关系所要求之规范。父子关系处于伦理关系中的基础地位，作为"子"的一方，应该隐瞒父亲的罪行，从而维护这一关系的稳定，这种做法符合伦理。此外，中国的历代封建王朝许多都以"孝悌"治天下，形成了一种关系道德传统。在这种文化背景下，"亲亲相隐"是正确的做法。反对者认为"亲亲相隐"的做法会使人们的道德标准随着关系的远近而发生变化，这种变化的道德标准不利于人们形成道德自律性，因此容易使人们丧失道德底线，对当代法治社会的建设具有不良影响，因此"亲亲相隐"并非正确的做法。

围绕这桩公案的论辩远不止上述短短几句那样简单。这里只是描述了一个大略的样子。对这一问题的争论如果放在哲学领域，可以引起哲学家们无穷尽的辩论，引发出无数的观点。但是，心理学的研究者则另辟蹊径，通过询问部分普通民众的观点从而获取样本数据，再从样本数据推出总体的情况。因此，如果这部分普通民众认为"亲亲相隐"是不恰当的做法，心理学的研究者则可以推论出对于大部分人而言，"亲亲相隐"是不被认同的，反之亦然。然而，大部分的普通民众在面对"如果是你的父亲杀了人，你会怎么做"的问题时，通常既不回答隐瞒，也不回答告发，他们最终给出的答案也大多模棱两可，试图在二选一的情况下再找出第三个折中方案，如"带着父亲隐姓埋名地逃跑"（彭凯平，喻丰，柏阳，2011；彭凯平，钟年，2009）。

你会怎么办？

第 3 部分　道德判断

# 第 8 章　道德心理学的几位大家

道德教育是一个尤为重要的话题。道德是什么？什么行为是道德的？如何将道德与其他的习俗进行区分？在哲学界看来，道德也是一个尤为复杂的问题。托马斯·斯坎伦（Thomas Scanlon）认为人们赋予了道德要求一定的重要性，当人们违反时，则会有负罪感或感到自责（Cooley，2002）。

我国教育心理学家刘儒德等人（1997）对"什么是道德"进行了界定。他们认为道德（morality）不应该简单限于人类行为方面某些特定的范围或论题，道德是依靠内心驱使和舆论力量来支持的行为准则的总和。人们被道德束缚，在其压力之下，人们需要遵守相应的道德规范。遵守它，普通民众都会给予好的反馈；不遵守，则会导致个体的羞愧感。在本文中，我们按照道德的这一界定进行研究。

道德包含 3 个方面，即道德认知、道德情感与道德行为（陈琦，刘儒德，1997）。道德认知主要针对行为规则而言，人们需要对相关的道德概念及其意义有很好的认知。人们通过学习，理解相应的知识，进而将其内化为自己内心的规则，并且可以依据这些信念进行道德判断。道德情感主要是指人们的内心体验，在人们的道德需要得到满足或得不到满足时都会产生。道德行为是指人们外在的表现。人们的道德动机通过道德行为才得以实现。道德判断是指结合人们已经形成的信念，对某种行为做出判断，是自主进行的心理加工过程（Greene，2003）。道德判断与人们的道德认知、道德行为皆有关。人们需要通过道德认知，内化相应的信念，进而对个体的道德行为进行约束。

## 8.1 让·皮亚杰

20世纪末，发展心理学界认知发展方向的研究与让·皮亚杰（Jean Piaget）的发生认识论（genetic epistemology）及他对于儿童的逻辑运算和推理能力的研究所做出的贡献不可分割（Lapsley，2008）。皮亚杰的发生认识论源于康德的先验范畴，使用生物学研究方法进行探究。作为建构主义心理学家，皮亚杰最初认为心理结构涉及4个部分：同化、顺应、图式和平衡（陈琦，刘儒德，1997）。而对于道德发展，皮亚杰的观点是外在规则的内化促进了道德的发展，然而并没有现成的规则可以使用。皮亚杰对儿童与父母之间的互动模式感兴趣。他发现，儿童可以主动感知到来自父母的权威性的标准，但是父母并没有强制儿童，而是由儿童主动感知到的，这是一种认知发展的道德推理（Maddix，2011）。儿童的道德认知到底是如何建构的？皮亚杰对于儿童如何理解和遵守道德规则很感兴趣（Lapsley，2008），他最为关注的是儿童的道德发展可以分为哪些阶段。

皮亚杰发现不同年龄段的孩子对于同一个问题的道德判断并不一样，他采用对偶故事的方法进行研究，依据观察和访谈来探索儿童如何建立规则，以及怎么来解释这些规则。皮亚杰提出儿童的道德认知发展主要包含3个阶段，即无律阶段、他律阶段和自律阶段。在无律阶段，儿童还没有明确的道德意识；在他律阶段，儿童只关注外在的道德标准，不关心自己的内在动机，注重外化的行为，其行为完全按照成人的标准进行；在自律阶段，儿童开始关注自己的主观动机，可以从自身的道德信念出发进行判断，但判断仍然不够成熟。儿童在12岁之后则发生了很大的变化，他们可以独立地做出相应的判断（岑国桢，顾海根，李伯黍，1999；陈琦，刘儒德，1997）。

关于儿童的心理或思维发展，皮亚杰将其分为 4 个阶段（陈琦，刘儒德，1997）：感知运动阶段（sensorimotor stage），前运算阶段（preoperational stage），具体运算阶段（concrete operational stage），以及形式运算阶段（formal operational stage）。皮亚杰关注道德判断与道德情感的发展，他认为儿童在前运算阶段处于道德发展的他律阶段，这一阶段的儿童可以表现出很少的尊重他人的道德情感；在形式运算阶段，儿童对更多事物表现出道德情感，并且可以依据内化的信念进行道德判断，步入了自律阶段（张治忠，马纯红，2005）。皮亚杰非常强调儿童的自主性，在他看来，道德发展的目标则是儿童可以自主地做出道德判断（Maddix，2011）。皮亚杰认为，儿童之间的合作等社会交往能使他们的道德水平发展到新的高度（Bergman，2005）。

不得不承认，皮亚杰庞大的认知理论体系为之后的研究者奠定了坚实的基础，同时也饱受争议（Lourenço & Machado，1996）。皮亚杰的道德阶段理论认为儿童的道德认知发展只包含两个水平，而且其选取的被试多为 5~13 岁的男性。皮亚杰的临床访谈法被认为是保守的对话，诸如此类的缺陷导致皮亚杰的道德阶段理论受到了一些质疑（Maddix，2011；Rich & Devitis，1994，2002）。之后在瑞士的日内瓦大学，"新皮亚杰学派"诞生了。皮亚杰的同事们在其理论的基础上进行了加工，在他们看来应该更为重视相关的教育研究，也应该重视如何实际应用这些理论，采用更为全面和系统的方法来研究各种变量的关系；此外，对儿童的研究也不应该只限于认知，还应该关注诸如情绪等领域（林崇德，2002）。

## 8.2 劳伦斯·科尔伯格

劳伦斯·科尔伯格（Lawrence Kohlberg）沿用了皮亚杰的发展理论，也继承了康德伦理学的哲学传统方法（Laysley & Hill, 2008）。科尔伯格与皮亚杰一样，认为道德发展是不可独立于社会环境的，是在社会关系中发展起来的。科尔伯格更多地关注人们的道德判断，即在一定的道德情境中人们认为什么是对的（Maddix, 2011）。科尔伯格的理论更多地涉及对于正义（justice）的判断，这与康德的正义理论是一致的（Bouma, 2008）。科尔伯格采用了道德两难问题进行研究，如"海因兹偷药"的故事，这样的故事存在冲突，但是也包含了道德准则与结果的逻辑性（Maddix, 2011），这也是对皮亚杰研究方法的进一步发展。科尔伯格并不是十分关心人们对于故事中主人公行为的对错判断，而主要关注人们的答案背后所进行的道德推理。科尔伯格进一步依据人们不同的答案进行了阶段划分。最终，科尔伯格认为只用两级水平来解释儿童的道德发展是不可取的，他提出了新的道德发展阶段论（Kohlberg, 1975; Lapsley, 2008）。科尔伯格将道德发展分为 3 个水平：前习俗水平（preconventional level），包括顺从惩罚阶段和工具性的相对主义阶段，儿童会依从于一定的规范来做出判断，进而发展到依据事情是否有利来进行判断；习俗水平（conventional level），包含人际协调及维护权威或秩序两个阶段，人们从"好孩子"发展为"好公民"，开始重视社会规范的作用；后习俗水平（postconventional level），包含社会契约定向和普遍道德原则阶段，人们从在意已有的社会规范，发展到会更多地参考经由内化而形成的自己的道德信念，从而做出判断（陈琦，刘儒德，1997）。科尔伯格的理论发展较为完善，国内外皆有较多的相关论著，我们不再赘述。值得一提的是，科尔伯格认为最高阶段的原则有利于人们更好地实现正义，因为人们需要以公平的方式对待所有的人，正因为如此，他在后来的研究中没有更多地涉及这一阶段，因为在访谈中没有抽取出这种涉及正义的普遍原则（Crain，1985）。

皮亚杰关注人们的推理能力，他认为人与其他动物的不同在于，人可以进行"抽象的符号推理"（Huitt & Hummel，2003）。从科尔伯格的研究方法可以看出，科尔伯格更加强调推理（reasoning）在人们的道德判断中的作用（Lapsley，2010；喻丰，彭凯平，韩婷婷，柴方圆，柏阳，2011）。但是，科尔伯格与皮亚杰均是道德阶段论者，认为儿童的道德认知是从一个阶段发展到下一个阶段的。围绕科尔伯格的理论同样存在很多的争议。阿隆（1977）认为科尔伯格的研究中较多地采用了男性被试，这样无法体现可能存在的性别差异。吉利根等人（1988）提出"关怀道德"的取向，研究者更多地关注人们的真实生活，并且设置与之相关的道德冲突情境，进而探究被试会做出什么样的回答。结果发现，女性比男性更多地采用关怀取向。也有研究者并不认同科尔伯格将后习俗水平作为人类道德发展终点的主张（Puka，1994）。莱斯特认可道德发展涉及比较复杂的推理能力的发展，在这一点上他与科尔伯格一致（Han & Jeong，2013），但是莱斯特认为道德发展的过程并不像科尔伯格所认为的那样划分为严格的阶段。莱斯特认为道德发展的过程中包含渐进的转化，但并不是一步一步的（Rest, Narvaez, Thoma, Bebeau, 2000；Rich & Devitis，1994，2002）。

国内学者也对人们在每个年龄阶段的道德发展进行了梳理。发展心理学家林崇德（2002）认为婴儿已经拥有了道德感，幼儿顺从于权威，他们毫不质疑已有的道德规则；小学生可以自觉地运用道德规范，但是从道德认知的角度来讲，他们还没有达到对道德规范的本质性理解；青少年时期，学生慢慢形成了自己所独有的价值观，他们的道德评价已经没有那么绝对，他们会倾向于选择模糊的答案，很少做出极端的选择；成人的道德规则会越来越稳定。

## 8.3 卡罗尔·吉利根

作为社会学家和政治学家的吉利根积极参与反核武器运动及关爱女性的和平运动。吉利根早期信奉皮亚杰和科尔伯格的理论，但是她在长期研究中，发现诸多研究并未关注女性。以往关于道德的研究更多关注男性对于道德事件的判断，如科尔伯格关于"海因兹偷药"是否正确，关注的就是男性的"公正"，并未涉及女性被试。而且以往的发展心理学家更多地认为女性的道德发展与男性并没有不同，同时，也并没有关注人们对结果的看法。因此，吉利根开始关注道德发展中的性别差异，但是吉利根认为女性更为关注的是关系和交流。

从 20 世纪 80 年代起，研究者观察到当婴儿和母亲在一起的时候，婴儿会主动寻找妈妈，还会和妈妈进行各种互动。从很小的时候开始，婴儿就记得人的脸，会和他人进行眼神接触，进而引起他人注意，从而和他人建立起一种关系。这也进一步揭示了体验关系的重要性。而关系不仅仅体现在别人出现时的互动，即使他人不在场，我们仍然想要维持这种关系（Gilligan，2014）。研究者开始关注关系中关怀的能力，以及我们如何去爱。

在吉利根的一系列实验中，她发现女性更关注海因兹偷了药是否真可以救活他的妻子。这更多地涉及"关怀"，而不仅仅是"公正"。但是，是否男性只关注公正，而女性只关注关怀？吉利根的观点并未将道德发展性别刻板化，只是强调女性的特殊性。吉利根对于女性关怀的强调是对传统人类的社会角色的刻板印象的挑战（郭本禹，2004）。

一些研究者也在质疑吉利根的观点，因为她的诸多研究选取了白种人、中层阶级及异性恋的女性，没有关注到不同种族、不同阶层、宗教及性取向的女性——这些人可能有不同的道德观点。

## 8.4 乔纳森·海特

皮亚杰与科尔伯格对道德认知的发展进行了深入的探索，但是道德有许多方面，如科尔伯格提及的正义，吉利根等人（1988）关注的关怀，我们还可以想到勇敢、伤害等，我们可以用诸多词语来描述一个行为是否是道德的。那么，道德是有类别的吗？乔纳森·海特（Jonathan Haidt）发表在《科学》的一篇文章（Haidt，2007）告诉了我们，道德领域不仅限于伤害（harm）和正义（fairness）。

海特倾向于从演化的角度来看待人们的道德，他认为人们的道德由许多内在的心理系统演化而来。海特的重要贡献在于解决了究竟存在多少心理过程的问题（Graham，Haidt，Koleva，Motyl，Iyer，Wojcik，Ditto，2013）。海特与约瑟夫（2004）着手从演化心理学与人类学的角度调查，是否有一些在不同的文化中都存在的道德规则。依据调查的结果，海特与同事们提出了 5 种世界公认的基本的"道德直觉"：关怀/伤害（care/harm），即关注人们的痛苦和苦难，如遭遇不幸或对引起伤害的人发怒，关怀孩子所表达的需求及同情弱者等；公正/欺骗（fairness/cheating），即对不公正待遇与合作的关注；忠诚/背叛

（loyalty/betrayal），即关注群体成员的忠诚感等；权威/颠覆（authority/subversion），即关注等级关系，如对权威的服从、尊敬等；纯洁/堕落（sanctity/degradation），即关注人们的精神层面的内容，堕落表现为浪费等，纯洁则与节欲、贞洁、虔诚等相关（Haidt & Graham，2007；彭凯平，喻丰，柏阳，2011）。

海特在提出道德直觉理论后，并没有就此停步，而是依据提出的理论编制了道德基础问卷（Moral Foundations Questionnaire，MFQ），并且在随后的测查中证实问卷可信且有效（Graham et al.，2011）。海特进而进行了实证研究，如海特与格拉汉姆等人（2009）关注政治领域。他们通过对美国自由党与保守党的研究发现，自由党更加重视个体层面的道德，如伤害与公正，而保守党比自由党更加关注群体层面的道德，包括忠诚、权威及纯洁。在某种程度上，该研究揭示了为什么这两派在诸多道德问题上存在争论。

但是，仍有问题是海特目前没有解决的。海特的理论是从演化的角度出发的，而科尔伯格的理论是从发展的角度出发的。目前，海特的道德理论并没有指出 5 种不同的直觉与发展的关系：是否随着道德的成熟化，人们的道德直觉会从一种形态发展到另一种形态（Graham et al.，2011）？

## 8.5 库尔特·格雷

还有一些问题是海特等人（Graham，Haidt，Koleva，Motyl，Iyer，Wojcik et al.，2013; Haidt & Graham，2007；Graham，Nosek，Haidt，Lyer，Koleva，Ditto，2011）目前没有解决的。格雷等人

(2015)认为道德领域的分类还需要考虑情境中涉及的道德问题的严重性与新异性,这两者均会影响人们的道德判断。严重性是指行为的道德极端化(extremity),是道德情境的一个重要特点。严重性越高,则情境中的行为越不道德。新异性则是指一个行为怪异或不寻常的程度。道德情境的新异性也会影响人们的道德判断。研究者也认为在道德研究中,使用太过新异的情境来进行道德判断会导致结果的偏差(Gray & Keeney,2015)。道德基础理论相关研究中所使用的诸多道德情境,如吃掉被车撞死的宠物、兄妹接吻、喝自己撒的尿等(Haidt,Koller,Dias,1993;Young & Saxe,2011)都在新异性和严重性上与传统道德研究存在差异。新近研究已然发现对于道德问题严重性高的情境,人们做道德判断时更加倾向于道德客观主义;而对于道德问题严重性低的情境,人们做道德判断时,更加倾向于道德相对主义(Yilmaz & Bahcekapili,2015)。目前,关于道德相对主义的实证研究较多地关注了关怀/伤害这一方面,对其他方面的探索及对应不同方面的道德情境涉及的道德问题的严重性与新异性关注较少。

格雷等人(2015)的研究发现,道德情境所涉的道德问题的新异性与严重程度会影响人们的道德判断,并且应该使用较为常见的道德情境进行研究,才不会导致人们道德判断的偏离。一项研究发现,围绕纯洁/堕落,人们所做出的道德判断不同于其他方面。一种可能是在道德基础理论中,纯洁/堕落是一个特别的方面。另一种可能是该研究中使用的情境为浪费食物,虽然浪费食物实际上是一个常见情境,但此情境可能在道德上的严重性太高或太低,或者人们认为它根本不是道德问题,而将其作为一种习惯进行判断等。因而,人们需要进一步考虑道德情境本身的性质对道德判断的影响(韩婷婷,2016)。

依据海特(2007)的道德基础理论与格雷等人(2015)所使用的情

境，研究者选择了以往研究纯洁/堕落的常用情境，以及人们评定为日常生活中纯洁/堕落的情境（如一个人结婚后出轨）共 5 份测试材料，并且加入"浪费食物"这一情境，共编制了 6 份测试材料。测试结果是，被试认为浪费食物并非具有代表性的道德事件。结合被试的评分结果，研究者最终选择"一个人结婚后出轨"作为后续研究的材料。对格雷等人（2015）的研究中使用的两种道德情境进行改编，共采用 6 个轻重程度不同的语句，作为纯洁/堕落的道德情境，让被试对不同的问题进行评定。经过一系列调查与分析，研究者发现被试认为"一个已婚人士抱另一个异性"是道德严重性低的情境，而"一个已婚人士与另一个异性交往"则是道德严重性高的情境。看来对人们而言，不同道德情境的新异性和严重性是存在差异的，在选择道德情境询问人们的时候要十分慎重。

# 第9章　道德判断很重要

道德判断的关键在于人是有限理性的。人并不是完全理性的，人只是在追求理性，但又不是追求最大限度的理性（Simon，1955）。人类通过自己的感知来认识世界，但是外部世界与我们的内部感知是不尽相同的，这充分说明人类的认知方式是有限的。除哲学家与心理学家外，经济学家也对人类的有限理性进行了研究。行为经济学家认为在道德领域，某种情况下人类会在无意识的情况下做出不道德的行为，并用有限伦理（bounded ethicality）来解释这一行为（Bazerman & Gino，2012）。但是，即使意识到判断的有限性，在进行道德判断的时候，我们也会受到各种限制。吉德温等人（2008）在研究中让被试在事实、道德、社会习俗和审美品位4个领域进行判断（6点量表），被试需要标明实验中的陈述是正确的、错误的或只是一个观点。然后，被试被告知，其他人对这4个领域有不同的观点。被试需要在以下4个选项中做出选择：别人是错的；我是错的；我们都没有错；其他。结果证实被试的相对主义程度（选择第三个选项：我们都没有错）在不同子领域中是不同的：审美品位领域的相对主义程度最高，往后依次为社会习俗、道德、事实。研究表明，当许多人表现出客观主义的直觉反应时，也会有很多人对典型的反道德情境表现出相对主义的直觉反应（Feltz & Cokely，2008）。

这种在道德判断过程中出现的认为两者皆对，并且判断会随着关系、环境的变化而变化的现象正是道德相对主义的表现。持有道德相对主义立场的个体不相信有普适的、永恒不变的道德真理，而是认为道德准则的产生有赖于个体和群体所处的环境（Miller，2011）。与道德相对主义对立的一种立场是道德客观主义。道德客观主义者相信存在普遍、客观的道德真理，凡事必有恒定的对错，而且对错的标准也是恒常的。而道德相对主义者则倾向于认为道德善恶虽然有界限、有边界，但无所谓普遍道德真理，不一定非黑即白（Smith，1994；Snare，1992）。

## 9.1　不是好就是坏吗？

　　道德相对主义是实验伦理学关注的问题之一（Sarkissian & Wright，2014）。正如不同的人说不同的语言，不同的人也可能拥有不同的道德观念，甚至同一个人在不同的团体中也可能拥有不同的道德观念（Harman，2012）。

　　道德相对主义是一种立场，即认为道德准则并不是客观存在或一成不变的，道德判断取决于个体或群体所处的环境。道德相对主义者认为，并没有绝对的道德规范，道德规范永远依赖于个人与情境。对于道德相对主义者来说，即使人们对一个道德问题的判断是相互矛盾的，但是相互矛盾的判断却皆有可能是正确的。道德客观主义认为道德范畴就像科学一样，它以普适的、基本的规则为依据，而这些规则同时独立于人们的信念、偏好、规范、态度或习俗（Wright & Sarkissian，2012）。道德客观主义者认为道德是独立于人的，也有可能是客观而亘古不变的。社会中有些人会拥有不同的道德标准和价值观念，这是一种道德相对主义现象（Miller，2011），哲学家们和心理学家们从不同的视角对这种现象进行了研究。实验哲学家常用一种简单而有效的模式来判断人们是否道德相对主义者。假如某人对某一道德命题做出了绝对正确或绝对错误的判断，即使他找到一种例外的情境使这个命题的对错并不绝对，他也不会改变他的想法，即认为道德命题只有确定的对错，而不存在边界条件，那么做出这种判断的人是道德客观主义者；反之，他则是一个道德相对主义者（Smith，1994；Snare，1992）。心理学家更关注人们在看到道德事件时的想法、所表达的道德信念，以及对于道德情境所做出的反应（Wright，Grandjean，McWhite，2012）。从实证研究的角度，心理学家也已经发现人们是倾向于道德客观主义的，但也并非完全是道德客观主义者（Nichols & Folds-Bennett，2003）。人们确实可能做出道德相对主义的判断，即同时容忍两个相互矛盾的道德判断（Goodwin & Darley，2008；Sarkissian，Park，Tien，Wright，Knobe，2011）。本文将个体的道德相对主义判断操作界定为一种认为道德准则并非客观存在或恒定不变的道德判断倾向。

道德相对主义可以划分为不同的类型。一般认为，它可以分为 3 类：第一类是描述性道德相对主义（descriptive moral relativism），是指人们拥有不同的道德标准与道德价值；第二类是规范性道德相对主义（normative moral relativism），是指如果人们之间的道德标准是不同的，当他们存在矛盾的时候，不能试图以一方的道德标准去判断或左右对方；第三类是元伦理道德相对主义（meta-ethical moral relativism），是指没有完全绝对的道德事实或道德判断（Miller，2002）。心理学研究中的道德相对主义一般指元伦理道德相对主义，而哲学讨论的道德相对主义则更多为规范性道德相对主义（Quintelier & Fessler，2012）。

哲学家对道德相对主义概念的分歧不大，但是对道德相对主义的评价却各不相同。道德相对主义有其批判者，也有其拥护者。批判者，如麦凯（1977）认为人们在陈述道德事实时观点是绝对化的，不会因为其他任何情况而发生改变。史密斯（1994）也认为道德判断是客观的，道德问题均有正确的答案。而这些答案是由客观的道德事实形成，同时道德事实又是由情境所决定的。但人们如果想知道这些客观的道德事实是由哪些具体情境所决定的，需要诉诸道德话题的争论。

　　道德相对主义的拥护者则反对以上观点。他们持有这样的观点：道德规范的权威总是相对于一定的时空而存在的（Lukes，2008，2013）。吉尔伯特·哈曼（Gibert Harman）与大卫·王（David Wong）是道德相对主义最主要的拥护者（Gowans，2004）。哈曼认为道德相对主义来源于人们相互间的默契，即人们所拥有的一种不言而喻的共识（Jensen，1976）。这种共识就是所谓的朴素信念。持有朴素信念的民众通常不会持绝对的观点，而是直觉地认为"这也对，那也对"。哈曼（2012）还认为人们在同一个社会中，对许许多多的问题（如功利主义、安乐死等）存在不同的看法和态度，无法找到绝对化的方法来解决这些问题，因此道德相对主义是必然存在的。哈曼的道德相对主义是一种温和的道德相对主义（陈真，2012）。而王（1995）的道德相对主义版本是所谓的多元相对主义，即认为没有唯一且真正的道德规范，道德规范的形态具有多样性（Lukes，2008，2013）。按照王的观点，即使很多道德规范被人们所共享，但其仍然可能存在多样性。对于当前的社会来说，即使某种道德规范是广泛共享的，它仍然是相对的。

　　根据哈曼（2012）的观点，道德相对主义者并不会因为没有正确的道德标准而迷茫或混乱。哈曼（2012）认为，道德或道德的参照框架是多样的。这就像当人们说一个物体是运动的时候，是相对于一个参照系而言的。因此，一件事情在道德上是对的还是错的、好的还是坏的、公正的抑或不公正的，这些都是相对的，都是相对于不同的道德参照框架来说的：人们可能在某一时刻接受某种道德观点，但是随着时间的变化可能又会拒绝这种观点。在这个意义上，一个人可能在不同的时刻甚至在同一时刻接受不同的、互相矛盾的道德观点（Harman，2012）。极端的规范性道德相对主义认为所有的行为都是相对的，而非绝对正确或绝对错误的，因此任何行为都应该被容忍或被接受（Quintelier & Fessler，2012）。但如哈曼这样的道德相对主义拥护者却不这样认为，哈曼承认道德相对主义但并不否认对错的存在，他否认的是这些道德原则在任意情境下的普适性（Lukes，2008，2013）。

前面是哲学家们对于道德相对主义的探讨，而现有的道德发展理论也涉及道德相对主义。实证道德心理学始于以皮亚杰和科尔伯格为代表的发展心理学家。皮亚杰认为儿童的道德认知发展包含三个阶段：无律阶段、他律阶段和自律阶段。在他律阶段，儿童只关注外在的道德标准，却并不关心自己的内在动机，注重外化的行为，并完全按照成人的标准行动；在自律阶段，儿童已经开始关注自己的主观动机，并可以从自身的道德信念出发来进行判断（岑国桢，顾海根，李伯黍，1999）。皮亚杰将儿童心理或思维发展分为 4 个阶段（陈琦，刘儒德，1997）：感知运动阶段、前运算阶段、具体运算阶段和形式运算阶段。皮亚杰关注道德的发展，他认为儿童在前运算阶段处于道德发展的他律阶段，在这一阶段儿童只能表现出很少的尊重他人的道德情感；到了形式运算阶段，儿童的道德情感能够更多地表现出来，他们可以依据内化的信念进行道德判断，并步入自律阶段（张治忠，马纯红，2005）。

科尔伯格在皮亚杰等人的基础上，完善了他律和自律的区分标准，并将其称为道德判断的两种类型（郭本禹，1999）。但他认为，如果只用这两级水平来解释儿童的道德发展是不全面的，于是他提出了新的道德发展阶段论（Kohlberg，1975；Lapsley，2008）。他将道德发展分为 3

个水平，前习俗水平、习俗水平和后习俗水平。不过，科尔伯格的道德发展理论已经隐含有道德相对主义的意味。科尔伯格在皮亚杰的理论基础上提出的三水平六阶段的道德发展理论主张：从第三阶段到第五阶段，人们接受的是一般性的、具体的道德原则，人们受到外界的道德规范的约束；而从第五阶段后期到第六阶段，当道德规则具有自主性时，这样的道德规则合适与否完全是由人们自己判断的。如果对这一阶段进行界定，理应可以进行相应的道德相对主义的研究，但科尔伯格并未明确提出这一概念与研究问题（Quintelier & Fessler, 2012）。相反，科尔伯格认为道德发展的早期更可能含有类似道德相对主义的概念，因为儿童在早期是听任他人而决定一件事情是否道德，这类似于道德真理在随着他人而变化。因此，科尔伯格将前习俗水平中的第二阶段称为工具性的相对主义阶段。之后科尔伯格的学生特里尔（1983）的道德研究在一定程度上涉及对道德相对主义的探索。特里尔区分了习俗与道德，他认为习俗中的规则是可以变化的，而道德却如科尔伯格前五个阶段所说，是普适的。特里尔采用询问某一行为是否正确的道德/习俗任务进行了研究，但他的研究范式依然无法回答人是不是道德相对主义者这一问题，因为他假定道德错误是由普适的道德原则决定的，这里暗含着道德原则一成不变的假设。

## 9.2 中立会怎么样？

是否依据道德相对主义就会没有标准可言？这种担心其实是多余的。依据哈曼的道德相对主义，世上存在着许多道德观点或者道德的参照框架，正如我们说一个物体是运动的，也是相对于一个参照系而言，因此一件事情在道德上是对的还是错的，是好的还是坏的，是公正的还是不公正的都是相对的——相对于不同的道德观点或道德的参照框架而言。人们可能在某一时刻接受某种道德观点，但是时间变化了，可能就会拒绝这种观点；一个人可能在不同的时刻甚至同时接受不同的互相矛盾的道德观点（Harman，2012）。

一些实证研究者开始采用新的研究范式来探讨这一问题。已有研究发现，人们对于中等程度或轻微程度的道德问题会倾向于做出道德相对主义的判断（Goodwin & Darley，2012）。

相关研究还发现，道德相对主义可能会让人们在日常生活中做出不道德行为。研究也证实，启动道德客观主义的人们更愿意做出亲社会行为，而启动道德相对主义的人们更容易做出不道德行为（Rai & Holyoak，2013；Young & Durwin，2013）。扬和杜尔文（2013）发现，启动了道德客观主义的被试，会比启动了道德相对主义及控制组的被试更愿意捐助慈善机构。而让被试看关于道德相对主义的陈述也会导致被试更多地做出不道德行为。在拉伊等人的研究（Rai et al.，2013）中，启动道德相对主义的被试比启动道德客观主义的被试更愿意通过撒谎来获得实验之后抽奖活动的奖券；此外，研究者也发现，面对"在一个商店若有一件商品错将 4 美元标作了 4 美分，你是否会以 4 美分结账然后离开"这一问题，启动道德相对主义的被试比启动道德客观主义的被试，更倾向于以错误的价格结账。

道德相对主义会使人更加包容和容忍错误。道德相对主义的拥护者在某种程度上认同道德相对主义者会对有不同道德观点的人更加容忍（McConnell，1986）。道德相对主义者也会容忍一些人们认为是错误的行为。如果一个人认为某种行为是错误的，那么道德相对主义者便认为应该开始适应，也就是说他应该试着从别人的角度来看待这种行为

（Wong，2006）。哲学家认为文化相对主义需要我们对每一种传统保持宽容的态度，尽管这些传统与自己的传统可能有很大的不同，并且认为对某事或某人保持宽容就是避免去做那些人们认为不可接受的事情。其他哲学家对这一观点进行了批判，认为文化相对主义并不蕴含宽容，因为如果所有的道德判断都受到了文化的约束，那么，我们反而可能变成民族主义者或种族主义者。同时，这些哲学家认为对某个人或某件事表示漠不关心并不是所谓的宽容，宽容是指人们应本着同样尊重的原则不去指责其他的文化实践（Lukes，2008，2013）。而心理学家（Spencer-Rodger，Williams，Peng，2010；张晓燕，高定国，2011）提出的辩证观点也涉及宽容这一问题，他们认为拥有辩证思维者会调和甚至更容易接受明显矛盾的观点，对待冲突会采取折中的解决方法。

极端的道德相对主义还可能引向道德虚无主义。道德虚无主义是指人们认为道德是没有用处的（杨深，1995）。道德虚无主义否定道德对于社会秩序的价值，同时也否认道德对于个体生活的价值，它认为有无道德无所谓，个人不应受到任何道德规则的约束。如果道德虚无主义支配了人们的思维和行为方式，那么人们在社会生活中就会表现出"去道德化"的结果（孙春晨，2012）。道德虚无主义可能会让人们觉得生活是无意义的，在生活中，人们也无法对不道德事件做出任何改变（Michael，2010；Rai & Holyoak，2013）。在这方面，道德虚无主义受到了质疑，迈克尔（2010）曾通过一系列统计推导得到与道德虚无主义不一致的结论。

总而言之，道德相对主义集中体现在人们进行道德判断时对冲突和矛盾的调和与包容，它受到个体发展、文化及个体差异等因素的影响。道德相对主义可能会带来不利的影响，它更容易让人们做出不道德行为，但是另一方面，道德相对主义使人们在看待道德事件时避免了极端的判断，趋向理性。

## 9.3 知道多少很重要

我们还注意到了另外一个现象，人在不确定的状况下进行判断时会受到各种因素的影响。经济学家卡尼曼（Daniel Kahneman）提出人的判断会受 3 种启发式的影响：代表性启发式、易得性启发性和锚定调整启发式（Tversky & Kahneman，1974）。研究者将启发式引入其他领域进行研究。例如在元认知领域，研究者发现人们在进行元理解判断时也会受到启发式的影响（Zhao，2008）。在元理解研究中，被试读完文章之后需要接受测试，由于被试对接下来要进行的测试是不确定的，被试会受到锚定调整启发式的影响，做出不恰当的元理解判断（Zhao & Linderholm，2008）。

情境不确定时，人们是否更容易撒谎？在实验中，研究者告诉被试总共有两项任务：一项任务有趣，还有机会赢得奖金；另一项任务比较无聊，而且没有奖金。被试需要给自己和合作伙伴（实际上并不存在）分配任务，他们可以选择要不要投掷硬币来分配，如果选择抛硬币，则在抛完之后汇报结果，合作伙伴不会知道实际结果。参与实验的大部分人都选择了抛硬币，在这些人中 90%的人都选到了有趣的工作；而没有选择抛硬币的人中，也有 90%的人选择了有趣的工作。这就说明抛硬币的被试中，有人谎报了自己的结果，选到了无聊的工作，却报告说自己选到了有趣的工作（法兰西斯卡，2015）。

在另一项研究中，研究者让孩子选择给自己和另一个孩子分配礼物。礼物有好有坏，孩子可以直接选礼物，或者选择抛硬币（结果不会有人知道）来决定谁拿哪个礼物。被试的年龄从 6 岁到 11 岁。实验结果发现，年龄越大的孩子选择抛硬币的越多。10 岁到 11 岁年龄段的孩子里面有超过一半的孩子愿意选择抛硬币。而抛硬币的孩子不管是哪个年龄段，大部分都选到了好的礼物，超过了一半的概率。没有抛硬币的孩子有 90% 选择了好的礼物（法兰西斯卡，2015）。这也说明，孩子们倾向于选择好的礼物，也可以看出抛硬币的孩子中有的谎报了自己的结果。

　　人们对情境的不确定是否会导致人们做出道德相对主义的判断？消费领域的研究给了我们很大的启示。研究者一般关注人们在有足够的信息时，会如何做出消费选择（Lin, Yen, Chuang, 2006）。但研究者发现人们在不确定的情况下，尤其是在信息不完整的情境中，更容易做出折中的选择（Chuang, Kao, Cheng, Chou, 2012）。萨基森等人（2011）的研究发现学生在进行道德判断时会表现出文化差异。研究包括相同文化、其他文化或天外来客 3 组不同的情境。每组情境均会呈现不同的人对一事件的不同看法。在第一种情境中，对于"贺拉斯认为他最小的孩子很丑所以杀了他"这样的行为，请想象你的同班同学与山姆的看法不一致，你的同学认为这样的行为在道德上是错误的，但是山姆认为这样的行为在道德上是允许的。然后，研究者问被试是认为他们中至少有一个人是错误的，还是觉得可能他们都没有错。在第二种情境中，被试要想象一个其他文化中的人，比如一个生活在某独立部落中的人，拥有和其他人不同的价值观。在第三种情景中，给被试想象的人物是来自外星种族的一个人，与人类有很大的差别。参加实验的被试用一个 7 点量表进行评分，1 代表非常不同意，7 代表非常同意。研究结果发现，被试对于每个情境的评分差异非常显著，相同文化情境的被试更可能认为这样的行为是错误的，不同文化情境次之，最后是天外来客。如果道德判断情境中的主人公与被试属于同一个文化群体，被试将倾向于做出道德客观主义的判断；如果主人公为其他文化的个体，被试倾向于做出较为中性的判断。此研究在一定程度上证实了人们的道德判断在一定程度上是相对主义的，但也说明人们的道德判断存在文化差异。在萨基森等人（2011）的研究中，人们对于不同文化情境下发生的同一件事情，会表现出不同程度的道德相对主义，尤其对于外来文化，人们表现出的道德相对主义程度更高。但是一个关键问题是：在不同的文化情境中，信息的丰富程度是不同的，而信息丰富程度的不同，则会使人们对情境更不确定。如此看来，信息丰富程度有限也是人们持道德相对主义观点的原因之一，当然这也有待进一步的实证研究来进行验证。在上述萨基森等人（2011）的研究中，他们分别对美国人与新加坡人采用相同的范式进行了研究，结果发现美国人道德相对主义的程度低于新加坡人。

不仅同一个体对自己文化与其他文化的道德判断存在差异，来自不同文化的两个个体对同一道德情境进行的判断也存在差异。弗西斯（1980）认为人们在道德上相对主义与理想主义的差异会影响对道德问题的判断。他曾编制了道德立场问卷（Ethics Position Questionnaire，EPQ）来测量这两个维度。之后的研究者将其应用到经济领域，对商业道德进行测量。EPQ 有 20 道题，其中 10 道题用来测量人们道德相对主义的程度，采用 9 点量表进行计分，针对个体化道德相对主义（Quintelier & Fessler, 2012）。麦克纳等人（2011）对加拿大、中国、印度、爱尔兰、日本及泰国的 1109 名内科医生实施了道德相对主义问卷调查。这些研究显示，道德相对主义是存在文化差异的，其原因还有待于进一步探究。

人们在判断他国文化时表现出来的道德相对主义偏差可能是由于自己的文化更为具体，而他国文化更为抽象所致。例如，毕比（2014）的研究使用了 24 个命题，分为 3 个不同的维度：事实（比如，宇宙中有很多星星）、道德（比如，胎儿满 3 个月之前，出于任何原因的流产在道德上都是允许的）与品位（比如，古典音乐比摇滚音乐好听）。被试要完成 3 个任务。在任务 1 中，他们需要对每个命题从 1（代表"完全不同意"）到 6（代表"完全同意"）进行评定。任务 2 要求被试估计社会上有多少人会有不一致的观点［从 1（代表"没有人不同意"）到 6（代表"绝大多数不同意"）］。在任务 3 中，被试被告知别人有不一致的观点，他们需要在"至少一个人是错的"与"两人都是对的"之间进行选择，前者代表客观主义的程度，而后者代表相对主义的程度。结果发现，被试在事实领域的道德客观主义程度最高，其次是道德领域，最后是品位领域。如果被试认为社会上有很多人对此观点存在争议，则更不容易做出道德客观主义的判断（Beebe，2014）。此外研究者发现，若将任务 2 与任务 3 变换顺序，在道德领域，则会得到不一样的结果。变换顺序之后的道德客观主义程度显著降低，说明被试在感知到别人与自己的观点不同时，会影响他们做出道德客观主义判断。这一影响在事实与品位领域均没有出现。如果在命题中虚拟一个主人公，如："生物学专业的大四学生曼德琳认为一个自杀的朋友撒谎是可以的。如果你与曼德琳的观点不一致，你们可能都对，还是至少有一个人是错的？"当加入主人公之后，使命题更加具体，在道德领域，被试会更多地做出道德客观主义判断，而在事实与品位领域却不存在差异。研究者进一步选择事实领域的 3 个命题，并且分别配以 5 种表情的图片（表达值得信任、不值得信任、控制、顺从与中立），结果发现，在呈现图片的情况下，被试的道德客观主义程度会更高（Beebe，2014）。这可能是由于呈现图片使得命题更加具体，因而被试的道德客观主义程度会提高。

不同年龄段的人对不同的事件进行的判断是不一样的。研究者对儿童进行了道德相对主义考察，他们的被试为 5 岁、7 岁和 9 岁的儿童，考察他们在 4 个领域中对信念差异所表现出来的道德相对主义程度，这 4 个领域分别是道德、品位、事实及模棱两可的事实（Wainryb，Shaw，Langley，Cottam，Lewis，2004）。在每个领域的任务中均呈现 A、B 两个人对特定事实的判断，但是 A、B 两个人的观点是相反的。然后，研究者询问孩子有关道德相对主义的问题（比如，你觉得 A 和 B 的信念只有一个人是正确的，还是 A 和 B 的信念都是正确的）。结果显示，在道德领域与事实领域，孩子更倾向于做出道德客观主义的判断，但是在模棱两可的领域，尤其是品位领域，更大的孩子更倾向于做出道德相对主义的判断。但是，尼科尔斯等人（2003）在研究中得到了不同的结果，他们让 4 岁到 6 岁的孩子对道德问题、美学问题和一般问题进行区分。道德问题：一个猴子帮助另一个猴子伤害其他的同伴，这样做是否对？美学问题：玫瑰花是美丽的吗？一般问题：葡萄好吃吗？如果孩子们做出肯定的回答，则研究者随后问孩子们："一些人不喜欢葡萄，他们认为葡萄不好吃。你认为葡萄是对一些人来说好吃，还是葡萄真的好吃？"每个问题情境中还设置了推断性的问题。结果发现，这个年龄段的儿童更加倾向于做出道德客观主义的判断。

莱特（2012）的研究也发现，如果让儿童与成人分别将不同的命题（如素食主义、运动、偷窃等）分为个人问题、社会问题及道德问题，并询问被试若有人与他们的观点不同，他们在多大程度上可以接受，则儿童会将更多的问题归为道德问题，成人会将更多的问题归为个人问题。相对于成人，儿童更加难以接受与自己观点相反的人（Wright，

2012）。这说明儿童的道德客观主义程度更高。以上研究都表明，儿童更加倾向于道德客观主义。而成人则更加倾向于道德相对主义。这说明道德相对主义倾向会随着年龄的增长而提高。

对于大学生的道德相对主义研究发现，让大学生对来自不同文化的约翰和弗雷德打人一事进行判断。选项有认同前者，可以因为喜欢而打人；认同后者，不能因为喜欢就打人；没有确定的答案。结果发现，大学生已经不是严格的道德客观主义者，他们会对道德情境做出道德相对主义的判断（Nichols，2004）。从发展心理学的角度来讲，人们的判断在发展的过程中会愈发倾向于道德相对主义，但是关于大学生判断的相对性是否只是发展的一个特例，目前的研究尚无定论。

## 9.4  影响判断也影响道德判断

人格特质会影响判断，自然也会影响人们的道德判断。特质理论主张无论时间和情境发生何种变化，人都能做出稳定的行为。米歇尔（Walter Mischel）很不赞同特质理论，他认为人格特质并不存在稳定性，是情境造成了人的行为的稳定性而不是特质（彭凯平、喻丰、柏阳，2011）。虽然很多人认为米歇尔的批评过于严厉，但是持特质论观点的人开始逐渐认可情境起的作用。诸多研究发现情境的变化可以影响人的行为（Darley & Latané，1968；Darley & Batson，1973；Isen & Levin，1972）。在人格特质中，开放性程度高的人会更容易接受不同的情境，倾向于理想主义，不会信奉权威人物所认可的信息，更可能会质疑可接受的社会标准（Dollinger & LaMartina，1998）。菲尔茨等人（2008）在研究中，让被试对道德情境题（比如，打人对还是不对）与常识情境题（比如，地球是否是平的）进行判断。实验结果首先验证了大部分人对道德情境题的问题回答更加倾向于道德相对主义，同时发现在开放性维度上得高分的人更加倾向于做出道德相对主义的回答。道德相对主义与其他人格特质的关系也有待进一步的研究。

分离推理能力（disjunctive reasoning ability）也会影响人们的道德判断。古德温等人（2010）让被试解释为什么对于同一个道德问题，不同的人会有不一致的看法。偏向于道德客观主义的被试更愿意从对方有道德缺陷这一角度进行解释，如认为对方的世界观比较扭曲等；而偏向于道德相对主义的被试却会对此进行更多方面的解释，如观点不一致可能是由于自己和别人有不同的价值观等。这一结果说明，道德客观主义者不会更多地思考，也不会用其他原因来解释有争议的道德问题，但是一个人如果愿意积极地质疑自己所持有的道德信念，那么他的道德客观主义倾向可能会降低。据此推论，道德相对主义与分离推理能力可能存在正相关，后者指有效采用不同的视角进行推理的能力。随后，研究者对被试的分离推理能力与道德相对主义进行了测量，结果证实分离推理能力较强的被试，在道德问题的判断中更加倾向于道德相对主义（Goodwin & Darley，2010）。

道德事件的效价会影响道德判断。古德温等人（2012）围绕积极描述的道德行为（如救人）、消极描述的道德行为（如偷别人钱包）及与生活相关且有争议的道德行为（如流产），让被试评定他们在多大程度上同意该命题［从 1（代表"完全不同意"）到 6（代表"完全同意"）］在多大程度上认为该命题是正确的［从 1（代表"没有正确答案"）到 6（代表"答案完全正确"）］，分数越高表示道德客观主义程度越高，以及认为对于每一个命题有多少比例的美国人和他们有一样的想法（测量被试感知到的一致性）。之后，研究者告知被试有人与他们有不一样的观点，让被试选择［从 1（代表"没有人是错误的"）到 6（代表"另一个人是错误的")]，进一步测量被试的道德客观主义程度。结果发现，相对于消极描述的道德行为，当道德行为采用积极描述时，人们的道德客观主义程度更低，即更偏向于道德相对主义；并且当被试感知到有很多人与自己有一样的想法时，被试的道德客观主义程度会更高。此外，进一步的研究发现，对于做出道德客观主义判断的那些命题，相对于和自己观点相同的人在一起，让被试和与他们有不一致观点的人成为室友时，被试会更加不适，并且更多地认为那些持有不一致观点的人是不道德的（Goodwin & Darley，2012）。

如前所述，皮亚杰强调人类的符号推理（Huitt & Hummel，2003），科尔伯格运用道德两难问题（Lapsley，2008）对道德领域进行了研究，强调道德观念是由低级到高级发展的，并认为儿童的道德推理能力是道德发展中最重要的成分（谢熹瑶，罗跃嘉，2009）。研究者对理性重要性的关注秉承了康德的观点。康德（Immanuel Kant）坚持认为在人类的道德判断中，理性发挥了很大的作用（Denis，2009；Johnson，2010）。而休谟（David Hume）则与康德的观点不同。休谟并不强调理性的作用，他认为道德判断中的情绪才是最重要的（Hume，1978）。除去理性，情绪是否参与了人们的道德判断？道德判断是纯理性的加工还是由情绪启动的？道德判断中的情绪因素一直是研究者关注的问题。

20世纪中叶，许多心理学家使用实证研究对此问题进行了探究。巴伦（Jonathan Baron）认为在道德判断的过程中，人们可能采用启发式，不涉及理性，进而做出道德判断（Baron，1994）。由于启发式容易引起人们的判断偏差（Tversky & Kahneman，1974），使用道德启发式也容易犯同样的错误。启发式属于无意识的认知过程，所以道德启发式应该也是如此（Sinnott-Armstrong，Young，Cushman，2010）。申斯坦（2005）也认为人们是基于启发式也就是直觉做出道德判断的，而这一过程属于认知过程，不涉及情绪。同时值得关注的是，持道德发展观的研究者认为，即使人们可以依据道德启发式很快地做出判断，判断的基础也来源于人们在儿童时期道德信念的缓慢积累（Turiel，2006）。

然而，生理实验的证据否定了道德的启发式观。普林斯（2006）认为道德判断与情绪是相互关联的，当人们违反道德规则时，会产生负面情绪反应。莫尔等人（2003）的研究发现，对比事实判断，当要求被试做出道德判断时，被试表达情绪反应的脑区会被激活。社会认知神经科学研究表明，道德判断并不是一个独立的认知过程，情绪因素在道德判断中的重要性受到了关注（谢熹瑶，罗跃嘉，2009）。在心理学的"情感革命"后（Fischer & Tangney，1995），海特（Jonathan Haidt）在休谟的基础上提出了社会直觉模型（social intuitionist model，SIM）。海特认为，人们首要依赖的是道德直觉，这一过程包含大量的情绪成分，正是这些情绪成分让我们做出了道德判断（Haidt，2001；喻丰，彭凯平，韩婷婷，柴方圆，柏阳，2011）。格林（Joshua Greene）将道德判断是否依赖于情绪的问题与道德判断的结果联系起来，认为需要区分道德判断的类型是结果论还是义务论，才能更好地解决情绪在道德判断中的作用问题（Cushman，Young，Greene，2010）。

格林（Greene，Sommerville，Nystrom，Darley，Cohen，2001）曾经研究人们在面临"列车难题"时该如何做出选择。第一种情境：在一个岔道口，一条铁轨上绑着 5 个人，另一条铁轨上绑着 1 个人，有一辆列车从远处驶来，站在铁轨边的你如果选择扳道，那另一条轨道上面的 1 个人会死；如果选择不扳道，列车经过的铁轨上的 5 个人会死。看被试会如何做出回答。第二种情境与第一种情境的不同之处在于，假设被试站在铁轨上方的天桥上，同时有一个胖子也站在那里，你可以选择把他推下去，拯救轨道上的 5 个人，但胖子会被撞死；如果不推，那 5 个人就会死。对上述情境，如果人们认为为救 5 个人而杀 1 个人"值得"，就是基于结果论的观点；而如果人们无论如何都不选择杀人，则是基于义务论做出了判断（喻丰，彭凯平，韩婷婷，柴方圆，柏阳，2011）。

结果论就是以所获得结果（无论是什么）的最大值来决定该如何抉择（Freeman，1994；喻丰，彭凯平，韩婷婷，柴方圆，柏阳，2011）。结果论与功利主义有很大的关系。功利主义是现代西方社会主流思潮之一。密尔（1863，2008）认为从伊壁鸠鲁到边沁，都把功利主义与快乐联系在一起，功利主义的主张是追求最大化的幸福，并不仅仅强调个体的幸福，而是所有相关人员的幸福，因此功利主义的道德标准为：遵守相应的行为规则，所有人及其他有生命的生物均有极大可能过上"幸福"的生活。而康德作为自由主义契约论学派的先驱，主张唯理论，认同义务论的道德判断，因为义务论更加强调人们的行为过程和责任（Gaus，2001）。古阿斯（2001）认为义务论与结果论不可兼容，如果人们没有像结果论那样基于最大化的幸福做出判断，那就是义务论的判断。

在"列车难题"的第一种情境中，大部分人会选择扳道，做出结果论的判断；在第二种情境下，大部分人选择不推胖子，做出义务论的判断（Greene，Sommerville，Nystrom，Darley，Cohen，2001）。同样是杀 1 人救 5 人，为什么人们的判断会有如此大的差异？格林等人（2004）在之后的研究中，使用了与之前不同的道德情境，在这一情境中，人们做出结果论或义务论道德判断的倾向皆很高，以此来考察人们的道德判断机制。情境如下：为了躲避敌人的追杀，你和很多人藏在地下室里，这时你的孩子开始哭，为了不被敌人听到，你必须捂住孩子的嘴，但是捂的时间过长，孩子会窒息身亡，可若不这么做，被敌人发现会使得大家都被杀害。研究者问被试应如何做出选择。研究结果发现，人们做出不同的道德判断时激活了不同的脑区：人们做出义务论的判断，更多地激活了与情绪相关的脑区；人们做出结果论的判断，则会激活与认知加工有关的脑区。做义务论的道德判断，人们更多地依赖于直觉，这个时候会有情绪参与到判断过程中；做结果论的道德判断，人更多地依赖理性，这个过程不涉及情绪（Cushman，Young，Greene，2010）。人们做不同的判断时，所依赖的是不同的加工过程。据此，研究者认为人们在面对"列车难题"的第二种情境时，相对于扳道，面对亲手杀死一个陌生人的处境会更多地激活依赖义务论的直觉反应（Sunstein，2013）。

## 第 10 章　辩证地判断

与道德相对主义相对应的，是一种朴素辩证（Naïve dialecticism）的思维方式。朴素辩证能够容忍矛盾互斥的观点同时存在。实证研究也发现，中国人更加具有辩证思维，中国人更倾向于整体论的观点，正如看阴阳图时中国人会觉得它是变化的、转动的，互相包含了对方的对立面（Peng & Nisbett，1999；Spencer-Rodgers，Williams & Peng，2010）。我们的这种思维习惯是否会影响我们的道德判断？目前，道德相对主义的实证研究发现 4 种因素会影响道德相对主义：第一，心理发展。绝大多数 5 岁至 9 岁的儿童都会做出非道德相对主义的选择，也会对与自己道德信念不一致的个体表现出更少的容忍及更加消极的反应（Wainryb，Shaw，Langley，Cottam，Lewis，2004；Wright，2012）。总的来说，儿童表现出道德客观主义倾向，而大学生却更偏道德相对主义（Nichols，2004; Nichols & Folds-Bennett，2003）。第二，文化。一般来说，在判断所属自己文化的个体时，被试倾向于做出道德客观主义判断；在判断其他文化个体时，被试倾向于做出较为中性的判断；在判断外星球个体时，被试倾向于做出道德相对主义判断。美国与东亚被试均表现出这样的模式（Sarkissian，Parks，Tien，Wright，Knobe，2011）。而这一差异又受其他因素的影响，如情境的具体程度（Beebe，2014）。第三，个体差异。开放性和分离推理能力与道德相对主义观点呈显著正相关（Feltz & Cokely，2008；Goodwin & Darley，2010）；同时，道德神授信念与道德相对主义观点呈负相关（Goodwin & Darley，2008）。第四，道德事件的效价。人们对消极描述的道德行为比积极描述的道德行为持更偏道德客观主义的信念（Goodwin & Darley，2012）。对于道德相对主义这一前沿问题，除了上述提及的影响因素外，是否还有其他的影响因素？我们想要探讨这个问题。

有趣的是，关于道德相对主义的一项实证证据发现，新加坡与美国被试从描述性统计的角度来讲存在差别。新加坡人在做同样的道德相对主义任务时，其道德相对主义程度要高于美国人，产生了一种稳定的系统偏差（Sarkissian, Parks, Tien, Wright, Knobe, 2011）。很明显，新加坡是泛东亚文化圈中深受辩证思维影响的国家之一，而美国人则更习惯于线性思维（Peng & Nisbett, 1999）。因此，我们可以推论辩证思维可能是新加坡人做出道德相对主义判断的原因。而这一观点并未得到过实验研究的验证。当然，文化之间区别甚多，如个体主义与集体主义、相依自我与独立自我等（Peng, Ames, Knowles, 2001），为何仅考虑辩证思维？

这是因为从两者的界定及以往研究来看，辩证思维与道德相对主义更有其共通之处。这表现在以下 4 个方面：第一，辩证思维与道德相对主义均强调矛盾及对矛盾的容忍性（Aaker & Sengupta, 2000；Peng & Nisbett, 1999）。辩证思维与其相对的线性思维影响了个体应对矛盾的方式。具体来说，持辩证思维的人通常不太愿意去承认明显的矛盾。原因是辩证思维者都相信事实涌现于川流不息的变化之中。他们愿意接受多方信息，即使这些信息充满矛盾。因为，真理在辩证思维者看来就是矛盾且复杂的。辩证思维强调对矛盾的两面要予以容忍，而不是一味地强调两面的斗争。能够容忍不同或相悖的信念、认知或情绪正是辩证思维者的特征（Boucher & O'Dowd, 2011；English & Chen, 2007, 2011；Spencer-Rodgers, Boucher, Mori, Wang, Peng, 2009）。诸多研究发现，对比西方人，东亚人更加能够容忍矛盾的自我与情绪，而辩证思维正是造成这一结果的原因（Goetz，Spencer-Rodgers，Peng，2008；Spencer-Rodgers，Boucher，Mori，Wang，Peng，2009）。辩证思维者对内群体会表现出矛盾的态度，对于政治问题也会表现出矛盾的态度（Hamamura，2004；Ma-Kellams，Spencer-Rodgers，Peng，2011）。并且辩证思维者会灵活地应对环境，应对冲突（Cheng，2009）。而道德相对主义者相信没有绝对的道德事实或道德判断（Miller，2002；张言亮，卢风，2009），道德准则并不是客观存在或一成不变的，道德判断的产生取决于个体或群体所处的环境。道德相对主义者会对持有不同道德观点的人更加容忍（McConnell，1986），即道德相对主义者能够容忍不同的甚至相悖的道德规范。辩证思维者与道德相对主义者皆会容忍矛盾的事物。

第二，辩证思维与道德相对主义均容忍错误。研究表明，辩证思维者更可能犯第二类错误，而线性思维者更容易犯第一类错误。辩证思维者更容易接受研究者所提供的所有选择，更多地容忍错误；而线性思维者更多地拒绝研究者提供的选择，更容易犯第一类错误（田林，2014）。两类错误是统计学术语，第一类错误是指"去真"，而第二类错误是指"取伪"。辩证思维者更能容忍错误，他们对信息中看似矛盾的部分给予更大的包容。与其去掉部分矛盾的信息让其不完整，辩证思维者宁愿接受这些矛盾的信息，甚至将它们整合在一起。辩证思维者接受一个假设时可能更谨慎，因为他们相信真理是相对的，即在一个时刻真实的事情在另一个时刻未必是真实的，某个人觉得正确的观点在另一个人看来未必正确，这一点与道德相对主义者对道德事件的判断是一致的。道德相对主义者也会容忍一些他人认为错误的行为，如果一个人认为某种行为是错误的，那他应该试着从别人的角度看待这种行为

（Wong，2006）。

第三，辩证思维水平高者倾向于做出道德相对主义判断。在围绕道德相对主义的研究中，研究者常采用"是否应支持流产"这一命题（Beebe，2014; Goodwin & Darley，2008）。研究发现，在对"是否应支持流产"等社会问题进行评定时，相对于北美被试，东亚被试在态度上表现得更为模棱两可（Hamamura，2004）。已有研究证实辩证思维尤其是矛盾性正是这一现象的原因（Li，Masuda，Russell，2014; Russell，2013）。辩证思维会影响人们对一件事情好坏的评价。由于这件事情可能对也可能不对，因而辩证思维水平高者会表现得更加模棱两可，这也体现了道德相对主义的特点。此外，已有研究表明，分离推理能力高者更容易做出道德相对主义判断（Goodwin & Darley，2010）。而辩证思维的操纵方法与分离推理能力相似，并且辩证思维者更容易进行分离推理，参考各方面信息并做出最后判断（Aaker & Sengupta，2000；Ma-Kellams，Spencer-Rodgers，Peng，2011）。上述研究说明辩证思维水平高者在对道德问题进行判断时，可能更倾向于做出道德相对主义判断，即道德事实或道德判断的对错不是绝对的。

第四，辩证思维与道德相对主义的发展趋势相似。里格尔（1973）认为，辩证运算是成人思维发展的特点，辩证运算强调矛盾的作用，人们以矛盾为基础思考问题，并接受矛盾，如此思维才能发展到成熟的阶段。人们的思维方式随着年龄的增长会更加辩证。辩证思维在青少年时期获得迅速的发展，在成人前期达到成熟（林崇德，2002）。按照皮亚杰关于认知发展与道德发展关系的主张，辩证运算或辩证思维很有可能是成人能够更多地做出道德相对主义判断的原因。研究者发现，人们的道德相对主义倾向也随年龄的增长而逐渐增加，并且发现在大学阶段，人们的道德相对主义程度较高（Beebe & Sackris，2010；Nichols &

Folds-Bennett，2003；Wainryb，Shaw，Langley，Cottam，Lewis，2004）。这种发展趋势上的一致性预示着两者可能存在联系。

## 10.1 "非黑即白"还是"此消彼长"？

文化心理学研究强调 3 类"大理论"（grand theories），以及围绕这 3 类理论阐述东西方在哪些方面存在不同（Peng，Ames，Knowles，2001）。第一类是价值观。价值观取向的代表是集体主义与个体主义的区分，诸多研究已经表明西方更倾向于个体主义价值观，而东方更倾向于集体主义价值观（Triandis，1995）。作为一种基于规范和价值的文化系统，个体主义更加强调个体自由和目标，集体主义更加强调群体协调和目标。具体而言，个体主义更加重视自主、自由和个人实现，而集体主义则更加强调内群体成员的协调、对权威的尊重及社会责任（Triandis，1995）。

第二类是自我观。自我观取向的代表是相依自我与独立自我的区分。研究表明，东方人的自我观更加倾向于相依自我，而西方人的自我观更加倾向于独立自我（Markus & Kitayama，1991）。相依自我是一种特定的文化模式，它强调人际关系，将自我概念与重要的群体成员，如家人和朋友相关联；相反，独立自我是指自我与他人是分开的，个体之间是有界限的（Markus & Kitayama，1991）。

第三类是认知观。认知观取向的代表是整体论与分析论的区分。该取向认为，东方人在认知上更加倾向于整体论，而西方人在认知上更加倾向于分析论（Peng，Ames，Knowles，2001）。

整体论者认为世界上所有的事物都是相互联系的，关注事物及其所处环境之间的关系（Ji，2008；Ji，Peng，Nisbett，2000；Masuda & Nisbett，2001）。同时，事物也在不断变化，万事万物永远处于流动、变化的状态。此外，世界上充斥着矛盾，因为这个世界是一直在变化的，所有今天对的事情明天可能就是不对的，因此容忍矛盾便成为必然。在整体论者的世界中，人们会感知到环境中的事物是互相依赖、难解难分地联系在一起的，但它们又时常变化，不可避免地对立，因此个体便更加倾向于期望变化，并且采用包容的态度对待一切矛盾。而分析论者倾向于在特定时刻只关注一个事物及其属性，倾向于将关注的事物或人与其所处的背景区分开来，基于形式逻辑对社会事件进行解释。分析论者会以线性的方式来预测事件的未来趋势，并且避免矛盾地看待问题（Nisbett，Peng，Choi，Norenzayan，2001）。相对于分析论者，整体论者会以更为宏观的视角考虑事物的历史变迁（Maddux & Yuki，2006）。

辩证思维来源于整体论的思维方式。所谓思维方式，是指人们通过长时间的积累和发展形成的固定思维模式，文化的不同通常表现为人们在思维方式上的差异（柏阳，彭凯平，喻丰，2014）。作为一种朴素的认识论，东方人的辩证思维通常被称为朴素辩证（Spencer-Rodgers，Williams，Peng，2010）。朴素辩证不同于黑格尔与马克思所说的辩证法，黑格尔和马克思所说的辩证法强调矛盾的冲突，朴素辩证则承认有矛盾，但是矛盾是共存的，即有矛就有盾（彭凯平，王伊兰，2009）。辩证思维的核心内容为变异律、矛盾律及整合律。变异律认为世界永远处于变化之中，没有永恒的对与错；矛盾律认为万事万物都是由对立面组成的矛盾统一体，没有矛盾就没有事物本身；整合律强调事物的整体性，认为事物并非独立存在，而是相互之间存在着联系（Peng & Nisbett，1999）。

这些原则与亚里士多德的形式逻辑规则是不同的，后者的核心内容为：同一律（如果事物存在，那么它是真实的；因此，A=A），非矛盾律（没有命题亦真亦假，A 不是 A 的对立面），排中律（任何命题非真即假；因此，A 或 B 不等于 A 和 B）。这些规则反映的是辩证思维的对立面，即线性思维。线性思维是一种直线的、单向的、单维的、缺乏变化的思维方式，是思维沿着一定的线性或类线性的轨迹寻求问题解决方案的思维方式（Peng & Nisbett，1999）。

辩证思维是指一种倾向于以变化观、矛盾观和整体观的视角看待世界的思维模式，其操作定义为个体表现出以矛盾观和变化观看待事物的倾向。辩证思维的第一个关键内涵是"变化"。它将宇宙描绘为一种川流不息的状态，宇宙中的万事万物与世界上的种种生命永远处于一体两面的状态，而且这种状态还可以交替变化（Peng & Nesbett，1999）。比如，白的可以变成黑的、爱也能变成恨。世界的每一个元素都处在不断的循环之中。相对于欧裔美国人，东亚人更加期待随着时间的流逝，事物不断地发生变化；相反，在西方文化中，变化是线性的，不会朝向自己的反面发展。欧裔美国人更加期待任何事物保持一个相对稳定的状态，或者以线性的方向变化（Ji，2008；Ji，Nisbett，Su，2001）。例如，在让人们对虚拟人物未来（10 年或 70 年之后）的人格特质进行预测时，日本成年人比美国成年人更多地预测虚拟人物的人格特质会发生变化，同时，日本儿童比美国儿童更多地认为虚拟人物目前的消极特质会朝着积极的方向变化（Lockhart，Nakashima，Inagaki，Keil，2008）。这一研究结果说明东亚人比西方人更加期待变化。同样，研究者也发现变化感知的文化差异也体现在股票市场趋势感知上。相对于中国人，加拿大人更加容易受到近期股票价格趋势的影响，若近期某一股票价格上涨，加拿大人更会对这一股票更多地进行投资，若股票价格下降则会减少投资（Ji，Zhang，Guo，2008）。

辩证思维的第二个关键内涵是"矛盾"。它认为宇宙中的万事万物都是由对立的元素组成的。宇宙确实地存在于一种流动的状态中，而其中的诸人诸事皆在不断变化。这样，难保在某一时刻，某人或者某事是正确的，但在另一时刻，这个人或这件事就可能是错误的。简言之，辩证思维者能够容忍矛盾。由于改变的发生通常突然且迅速，好坏经常只有一线之隔。但西方人的思维方式表现为排中律原则，一个命题不可能同时既是对的，又是错的；所有的命题要么是对的，要么是错的（Peng & Nisbett，1999）。

辩证思维与线性思维便是整体论与分析论的认知观在思维方式上，或者更恰当地说，在朴素信念上的体现。东方人更加倾向于使用辩证思维，而西方人更加倾向于使用线性思维。拥有辩证思维的人会期待变化并容忍矛盾，这些文化差异对人们的认知、情绪和行为都有非常显著的影响（Cheng，2009；Spencer-Rodger，Boucher，Mori，Wang，Peng，2009）。

虽然跨文化研究表明不同文化环境下，个体在个体主义/集体主义、独立自我/相依自我及分析/整体论思维方面都存在差异，但这并不意味着差异的具体表现是不可分的。辩证思维与线性思维的区别并非集体主义与个体主义的区别。前者指思维方式，而后者指价值观。在不同国度的广泛抽样显示，这二者是不相同。例如，智利人是高度集体主义者，但是他们却并没有表现出多少辩证思维（Schimmack，Oishi，Diener，2002）。这表明价值观的起源与人类认识论的起源并不相同。

同时，辩证思维与线性思维的区别也并不等同于相依自我与独立自我的区别。例如，南美人更加倾向于相依自我，但思维方式并不倾向于辩证思维（Spencer-Rodgers, Srivastava, Boucher, English, Paletz, Wang, 2010）。研究者对美国加利福尼亚大学伯克利分校的大学生的思维方式进行测量，结果发现辩证自我与相依自我构念之间的相关度仅有 0.08（Singelis, 1994），而二者在北京大学的大学生被试中测得的相关度仅为 0.06（Spencer-Rodgers et al., 2010）。这两个相关度都非常低。

个体主义/集体主义与独立自我/相依自我是强调本体论文化差异的构念，而整体论/分析论是强调认识论文化差异的构念。一项研究发现，独立自我/相依自我与分析论/整体论思维方式之间只存在较小的相关关系（Na, Grossmann, Varnum, Kitayama, Gonzalez, Nisbett, 2010），说明这三种结构相互关联，但也存在差别。这三对概念之间的区别表明，一个人可能受到民众理论的影响，也可能不受其影响；他可能在价值观上秉持集体主义，也可能秉持个体主义；他可能以一种相互依赖的方式来看待自己，也可能以一种独立的方式来看待自己。这三者之间相互独立，没有很强的联系。认识论、价值观和自我观独立地影响着文化中个体的思维、情绪、意志与行为。

## 10.2 如何让人辩证？

目前，关于辩证思维的测量和操纵较常采用问卷调查与实验室启动。通常情况下，研究者采用辩证自我量表（Dialectical Self Scale, DSS）来测量人们的辩证思维。辩证自我量表由斯宾塞-罗格斯等人编制，包含矛盾性、认知改变与行为改变 3 个维度。该量表采用 32 道题来进行测量，并用 7 点量表来评分（1 表示"强烈不同意"，7 表示"强烈同意"）。矛盾性维度包含 13 道题，认知改变维度包含 11 道题，行为改变维度包含 8 道题（Spencer-Rodgers, Peng, Wang, Hou, 2004;

Spencer-Rodgers，Boucher，Mori，Wang，Peng，2009）。同时，斯宾塞-罗格斯等人（2010）也编制了辩证自我量表简版。它包含 14 个项目，仍然包含以上 3 个维度。其中，矛盾性维度包含 3 道题，认知改变维度包含 4 道题，而行为改变维度则包含 7 道题。DSS 问卷在目前跨文化研究中已经有多个版本（Boucher，2011；Boucher & O'Dowd，2011；Li，Liu，Schachtman，2016）。在之前的研究中，该量表中文版具有良好的信效度（Spencer-Rodgers，Boucher，Mori，Wang，Peng，2009；Spencer-Rodgers，Peng，& Wang，2010）。并且，我们可以使用单独的分量表来进行研究（English & Chen，2007）。

进行实验室实验时，研究者通常采用启动的方式来操纵被试的辩证思维。具体有以下 6 种方法。第一，研究者（Parker-Tapias & Peng，2001）采用一段包含了辩证思维特点的文字来启动被试的辩证思维。这段文字涉及辩证思维的核心概念，并描述心理学家发现使用辩证思维来处理每天遇到的问题是很有效的策略。在阅读完材料之后，被试需要写下发生在他生活中的与阅读材料相关的一件事。研究者通过对被试书写的内容进行编码来进行操作检验。这一启动方法曾用于中国被试，并被证实是有效的（Spencer-Rodgers，Peng，Wang，Hou，2004）。

第二，研究者（Ma-Kellams，Spencer-Rodgers，& Peng，2011）采用虚假的杂志报告来启动被试的辩证思维。杂志报告中包含了关于辩证思维规律（变异律、矛盾律、整合律）的简短描述，并告知被试有研究发现从多个方面考虑问题更有利于社会适应。在研究中，被试先阅读杂志文章，并被要求从自己的生活入手，写下支持启动材料观点的内容。研究者则按照被试写出的内容是否符合启动材料的观点来判断被试是否被启动成功。这种启动方式也是研究者们常使用的方法。

第三，斯宾塞-罗格斯等人（2004）要求被试回忆之前所经历的矛盾的、不确定的事件或情境，在这个事件或这个情境中，被试自己或他们所关心的人得到积极的或消极的结果。此外，被试被要求写下他们在经历这些事件时的想法，并且被告知这一任务没有唯一的答案。研究者通过这一启动来诱使被试思考他们生活中的矛盾及不确定的事件，并通过对被试写下的内容进行编码分析来进行操作性检验。

第四，阿尔特等人（2009）采用不同的符号作为启动材料。他们发现，当使用阴阳图启动后，让被试去预测股票或天气，被试会期待股票或天气存在更多的变化，即使熟悉东亚文化的欧美人在预测股市时也会期待有更大的变化。而田林（2014）在其实验中使用了阴阳图（☯）与黑白图（◖）作为辩证思维与线性思维的启动材料，他让被试认真看完图形，然后需要点击图中任意一点，并由计算机来进行记录（检验被试是否仔细观察图形）。之后，他要求被试在"否极泰来""泾渭分明"这两个词语中，依据自己的喜好选择其中一个作为操作性检查。

第五，德莫塔（2016）等人通过让被试完成写作任务来启动辩证思维。研究者依据矛盾问卷（attitude toward contradictions；Choi et al.，2007）来编制问题。研究者告知高（低）辩证情境的被试："请用 5 分钟的时间写下采用中庸（极端），而不是极端（中庸）思维的所有优点。"例如，当人们存在不同意见时，为什么（不）折中和包容每个人的观点是合适的？为什么折中（讨论谁对谁错）比讨论谁对谁错（折中）更为重要？为什么与其他和你观点不一样的人和睦相处（针锋相对）是有益的？研究者通过不同组被试所写内容的辩证倾向来判断启动是否成功。

第六，也有研究者使用谚语来启动被试的辩证思维（Wang，

Batra，Chen，2016）。首先，在启动材料的第一页中，被试被要求填写高/低辩证性的 5 句谚语来启动被试的高/低辩证思维。高辩证性的谚语如"发光的未必都是（金子）"；低辩证性的谚语如"只要播种，就会有（收获）"。每组被试填写完 5 句谚语之后，被要求按照自己的理解写出这 5 句谚语的共同点。其次，启动材料的第二页会呈现包含上述所示谚语的一段话。高辩证思维组的启动任务要求被试回忆自己生活中经历的矛盾的事件，事件中可能同时有积极和消极的因素。低辩证思维组的启动任务是要求被试回想自己生活中充满逻辑性的事件，事件有明确的唯一的解决方式，要么产生积极的影响，要么产生消极的影响。被试阅读完启动材料之后，需要写下自己经历这些事件时的想法。第二页启动材料的意图是进一步增强启动的作用。研究者通过预实验，发现高辩证思维组在实验后填写的辩证自我问卷的得分显著高于低辩证思维组，证明其启动是有效的。

由此可见，在对辩证思维进行研究时，既可以将其作为一种稳定的有关思维方式的个体差异进行测量，也可以将其作为一种能够被启动的思维方式来进行操纵。

## 10.3　辩证影响生活的方方面面

6 岁的东亚儿童比北美同龄儿童更可能选择整体论的注意方式（Duffy，Toriyama，Itakura，Kitayama，2009）。辩证思维在青少年时期获得迅速的发展，而在成人前期发展到成熟程度（林崇德，2002）。那么，这种辩证思维从何而来？为什么东方人的思维方式更加辨证，而西方人的思维方式更加线性？

对这个问题需要从人类文化心理演化的视角加以回答（Nisbett，Peng，Choi，Norenzayan，2001）。作为东方文化的代表，中国文化发源于中国这片土地之上。这里土地肥沃，适于耕种，为了生存与繁衍，人们需要在这片土地上扎根且世代耕种。在这样的生存环境中，人们不用迁徙，日出而作、日落而息，长期的生存繁衍形成了相对稳定的认识世界的方式，一个氏族生活在某个地方，成员互相熟悉且具有血缘关系，这种稳定的集体生活方式影响了人们如何看待自己和看待世界，普遍联系的社会关系使人们能够使用普遍联系的方式来看待世界。这样的氏族中缺乏严格的法律，氏族的族长会发挥法律的作用对世界做出评判，因为标准是主观的，因此它并不严格，也不固定，充满变化。这样的原始生活方式形成了东方人朴素信念中的整体论认知观，人们会认为这个世界是相互联系、充满矛盾和变化的。此外，东方人的辩证思维更多地受到道家文化的影响（Spencer-Rodgers，Williams，Peng，2010）。

而西方人的思维方式更多地受到古希腊文明的影响（Spencer-Rodgers，Williams，Peng，2010）。古希腊并非一片广博肥沃的土地，生长的食物并不足以使希腊人自给自足。因此，他们需要商贸，需要对物品进行交换和交易来获得生存。交易凭借的并不是关系，决定应该如何交易的也并非族长，而是契约。契约是一种不因双方事后意志变更而必须遵循的原则，因此它是稳定而无法更改的，这种契约精神造就了西方人看待自己和世界的方式，即个人意识在前，同时也将世界知觉为单向的、刻板的，将世界看作线性的（Nisbett，Peng，Choi，Norenzayan，2001）。

大量研究发现，作为一种朴素认识论的观点，辩证思维能够影响一系列认知、情绪与行为结果。相较于西方人而言，东亚人拥有更加矛盾的自我信念、态度和价值观，同时显示出更少的跨角色和情境一致性（Boucher & O'Dowd，2011；Campbell，Trapnell，Heine，Katz，Lavallee，Lehman，1996；Choi & Choi，2002；English & Chen，2007，2011；Spencer-Rodgers，Boucher，Mori，Wang，Peng，2009）。

第一，辩证思维影响自我认知。研究者采用 20 项陈述性测验，让中国与欧美被试针对自己进行描述，然后计算被试在其描述中包含的积极与消极内容的比例。结果显示，相比欧美被试，中国被试描述了更多矛盾的自我概念（Spencer-Rodgers，Peng，Wang，Hou，2004）。此外，东方人表现出更高程度的对于矛盾的自我概念的容忍度。当把自我矛盾的情境呈现给高辩证思维水平的人时，他们不会去寻求那些能够验证自我概念的情境（Chen，English，Peng，2006）。

也有研究者采用问卷调查法发现，东亚人显示出较少的自我概念的内部一致性（Campbell，Trapnell，Heine，Katz，Lavallee，Lehman，1996）。研究者（Choi et al.，2002）考察了韩国人与美国人对自我矛盾陈述（外向的程度与内向的程度）的容忍度后，发现韩国人比美国人在人格特质上有较少的一致性。这说明韩国人更加容忍矛盾的自我。日本学生与美国学生对计算机呈现的矛盾的词语，通过点击键盘做出"我"或"非我"判断的快速反应，并且填写包含矛盾特质的问卷。结果发现，日本学生的不一致分数显著高于美国学生，说明日本学生比美国学生更多地表现出自我概念的不一致（Spencer-Rodgers，Boucher，Mori，Wang，Peng，2009）。在另一项研究中，中国被试和美国被试完成一系列的特质测试，然后看到关于他们外向性程度的虚假反馈。结果发现，不论这一外向性的反馈是以积极的方式还是消极的方式呈现，中国被试都会调整自己的自我信念，相反，美国被试对于与他们的自我概念不一致的反馈会表示抗议（Spencer-Rodgers，Boucher，Peng，Wang，2009）。这也表明中国被试更能容忍自我概念的矛盾性。

通过对辩证思维的测量，研究者也发现辩证思维的得分能中介或调节个体自我概念的内部一致性及自我确证的文化差异（Boucher，2011；English & Chen，2007；Spencer-Rodgers，Boucher，Mori，Wang，Peng，2009；Spencer-Rodgers，Boucher，Peng，Wang，2009）。在一项研究（English & Chen，2007）中，研究者让亚裔美国人与欧裔美国人在不同的情境（如健身房）或关系（如与朋友一起）中，在5个积极（如负责的）与5个消极（如专横的）的特性上对自己进行评定，相比欧裔美国人，亚裔美国人在关系情境中（如与朋友一起的自己）表现出更多的自我不一致，而辩证思维正是这种差异性的来源。

同时，相比于欧美人，中国人和日本人在测量自尊的项目上，会做出更多矛盾的回答，这一文化差异可以用辩证思维来进行解释（Boucher，Peng，Shi，Wang，2009；Hamamura，Heine，Paulhus，2008；Spencer-Rodgers，Peng，Wang，Hou，2004）。中国被试会表现出更多的辩证自尊，并且认为自己可能同时是好的又是坏的（Spencer-Rodgers et al.，2004）。

第二，辩证思维影响动机。研究者让被试完成一项有趣的任务，然后对其内部动机与外部动机进行测量，并测量其辩证思维。结果发现，无论是在任务后让被试想象得到奖励，还是让他们真的拿到奖励，相比低辩证思维水平者，高辩证思维水平者的内部动机会较少地受到外部动机的影响。高辩证思维水平者认为他们的内部动机与外部动机不是相互矛盾的，因此他们可以依据不同的情境更好地调整自己的动机，而不是削弱不同的动机强度（Li，Sheldon，Liu，2015）。

第三，辩证思维影响情绪感知。东亚人日常的情绪体验是平衡而非无限积极的，温和而非极端强烈的，同时也是复杂的。但是，在西方人的情绪体验中，积极情绪尤其是那些指向自我的积极情绪，通常都是非常极端的（Goetz，Spencer-Rodergs，Peng，2008）。东亚人更能容忍相反的或复杂的情绪，即具有"情绪复杂性"或"辩证情绪"（Goetz，Spencer-Rodgers，Peng，2008；Leu et al.，2010；Miyamoto & Ryff，2011；Schimmack，Oishi，Diener，2002）。研究者对亚裔双语加拿大人进行了日记研究，结果发现当亚裔双语加拿大人认同西方文化或者说非亚洲语言时，积极和消极情感会呈现负相关；而当他们认同亚洲文化或者说亚洲语言时，积极与消极情感的负相关关系消失了（Perunovic，Heller，Rafaeli，2007）。

但是，以东亚人为被试的研究却发现这两者之间实际上并不存在负相关关系，甚至还会存在正相关关系（Bagozzi，Wong，Yi，1999；Kitayama，Markus，Kurokawa，2000；Scollon，Diener，Oishi，Biswas-Diener，2005；Spencer-Rodgers，Peng，Wang，2010；Yik，2007）。例如，有研究（Bagozzi，Wong，Yi，1999）让被试针对给定的某一时刻，评定他们同时体验到积极与消极情绪的强度，以及平时他们体验到积极与消极情绪的强度。结果发现，对于美国被试，积极与消极情绪存在较强的负相关关系；而对于中国被试和韩国被试，积极与消极情绪存在较弱的负相关关系，甚至存在明显的正相关关系，中国被试可以更好地平衡相反的情绪。辩证情绪的体验提高了不同情绪相容的可能性，也使东亚人能够体验到更加复杂的情绪，而且在体验到复杂情绪时，他们反而更加喜欢（Goetz，Spencer-Rodgers，Peng，2008；Williams &

Aaker，2002）。

正是由于辩证思维，东亚人才会更加容忍相反的或复杂的情绪（Hui，Fok，Bond，2009；Schimmack，Oishi，Diener，2002；Spender-Rodgers，Peng，Wang，2010）。在斯宾塞-罗格斯等人（2010）的研究中，研究者启动了中国被试与欧美被试的辩证思维后，再测量被试体验到的情绪复杂性。结果发现，辩证思维启动组的辩证思维及情绪复杂性得分均显著高于控制组，中国被试比欧美被试报告了更高的情绪复杂性，并且辩证思维显著中介了情绪复杂性的文化差异，换言之，辩证思维是辩证情绪文化差异的来源。

第四，辩证思维影响幸福感。辩证思维会提高还是降低幸福感是个很难说清楚的话题。当生活中遇见好事，辩证思维者会在好事中发现坏的方面，接受自我消极的方面，导致负面的情绪，因而会产生较低的幸福感（Leu et al.，2010）。辩证思维者更能包容对于自我积极与消极的评价，也会导致较低的幸福感（Goetz，Spencer-Rodgers，Peng，2008；Spencer-Rodgers et al.，2004）。

但是辩证思维也存在积极的一面，人们会在逆境当中寻找积极的因素，并且相信不好的事情不会一直发生。比如，中国人比加拿大人在看待悲剧事件时，更容易采取一种平衡和否极泰来的观点，(Ji，Zhang，Usborne，Guan，2004；Spencer-Rodgers，Williams，Peng，2010）。此外，辩证思维者可以采用更多的策略来应对压力事件，也能更好地进行心理调适（Cheng，2009）。

研究者发现中国人不希望他们的人生发展是一帆风顺的，他们更期待大起大落，他们希望有时候能体会到苦涩，有时候又能体会到幸福，这样的幸福感甚至会更强；而美国人倾向于预测他们的幸福要么直接升高、要么直接降低，它是以线性的方式发展的（Ji，Nisbett，Su，2001）。

第五，辩证思维影响决策。相对于西方人，东亚人会以整体观来看待一个现象，相信任何现象都有诸多的原因，并且会导致多种结果（Maddux & Yuki，2006）。研究者发现启动辩证思维的被试在选择偏好任务中，倾向于接受研究者提供的所有选择，即倾向于犯第二类错误，更多地容忍错误；而启动线性思维的被试会更多地拒绝研究者提供的现有决策方案，更容易犯第一类错误（田林，2014）。东亚人做决策时，会同时关注重要与不重要的信息，而北美人则更多地关注他们认为有关或重要的信息（Li，Masuda，Russell，2015）。东亚人倾向于辩证地预测事件的结果，会基于事件未来趋势的可能变化做出决策（Ji，2008；Ji，Guo，Zhang，Messervey，2009）。有研究者（Ji，2008）提供给东亚和北美被试不同的股市行情（增长、稳定及下跌），然后要求被试决定卖出还是买进股票。结果发现，东亚人在做出决策时会考虑股市之前与现在的行情，而北美人在做出决策时只关注近来的股市信息。

第六，辩证思维影响态度。有研究（Hamamura，2004）让东亚被试与北美被试评定他们对于一些社会问题的态度（如是否应支持流产）。结果发现，相对于北美被试，东亚被试在态度上表现得更加模棱两可。此外，被试的辩证思维程度中介了这种文化差异，辩证思维程度越高的人会表现得越模棱两可（Li，Masuda，Russell，2014；Ng & Hynie，2014）；辩证思维完全中介了东亚人与加拿大人在态度上模棱两可的文化差异，东亚人不仅对社会问题表现出更高的矛盾性，而且他们会较少地由于矛盾性而感到烦恼。有研究者（Wonkyong et al.，2006）

启动了亚裔和欧裔加拿大被试对一些有争议的问题的矛盾态度后,测量被试矛盾态度的程度(认知矛盾性),以及他们对于此问题感到冲突的程度(情绪矛盾性)。亚裔加拿大被试的认知矛盾性和情绪矛盾性之间存在显著的相关性,并且相关度低于欧裔加拿大被试,这也说明亚裔加拿大人在矛盾态度中感到较少的混乱。

在政治态度上,相对于欧裔加拿大人,亚裔加拿大人对众多社会和政治问题表现出更多的矛盾态度(Hamamura,2004)。相对于北美人,东亚人也拥有更加易变的或动态的态度(Russell,2013)。

第七,辩证思维影响群体偏好。社会认同理论(Tajfel & Turner,1986)认为,人们是内群体偏好及外群体贬损的。但是在东方文化下,研究者却发现了相反的效应,即内群体贬损。研究发现,相对于美国人,日本人和中国人对朋友、家庭成员、配偶及其他各种内群体成员更加挑剔(Endo,Heine,Lehman,2000;Heine & Lehman,1997;Hewstone & Ward,1985;Ma-Kellams,Spencer-Rodgers,Peng,2011)。相对于西方人,东亚人对于内群体态度的一致性较低(Tsukamoto,Holland,Haslam,Karasawa,Kashima,2015)。但是相对于美国人,中国人更可能一致地评价外群体(Spencer-Rodgers,Williams,Hamilton,Peng,Wang,2007)。

在根深蒂固的潜意识层面,东方被试并不抵触自己的群体和文化,只是会存在矛盾的态度并能容忍这种矛盾。东亚人对内群体成员同时表现出积极和消极的态度(Ma-Kellams,Spencer-Rodgers,Peng,2011)。这一矛盾的态度是由辩证思维引起的。有研究表明,即使是暂时启动辩证思维,也可以改变人们对内群体的态度。相比启动线性思维的被试,启动辩证思维的被试对内群体表现出更多矛盾的态度(Ma-Kellams,

Spencer-Rodgers，Peng，2011）。

第八，辩证思维影响个体对人际关系的预测。有研究表明，东亚人的辩证思维方式对人们生活的影响会反映在亲密关系上（Rosenblatt & Li，2012）。相对于美国人，中国人认为大学期间约会的情侣更可能在毕业后分手，孩童时期互相不喜欢的玩伴长大后更可能成为恋人（Ji，Nisbett，Su，2001）。

总而言之，辩证思维使人们更能容忍矛盾的自我、自尊、情绪和动机，会使人们在好事中找到坏的地方，在坏事中找到好的地方，形成起伏不定的幸福感，也会影响到人们的决策及对待各种问题的态度，甚至影响人们对内群体的态度及对亲密关系的感知与预测。辩证思维使人们更能容忍矛盾的存在，这也与道德相对主义的内涵有着相似之处。

## 10.4 辩证更可能选"都行"

思维方式是人们通过长期积累和发展而形成的固定模式，文化的不同更多地表现为人们在思维方式方面的差异（柏阳、彭凯平、喻丰，2014）。相较于西方人，东亚人更倾向于整体论的思维方式，习惯于使用朴素的辩证思维来思考问题（Nisbett，Peng，Choi，Norenzayan，2001；Spencer-Rodgers，Williams，Peng，2010；Spencer-Rodgers，Boucher，Mori，Wang，Peng，2009）。

目前并无直接的实证研究对辩证思维与道德相对主义判断的关系进行探讨。但从已有的实证研究均可以看出，辩证思维实际上是影响道德相对主义判断的重要因素之一。

第一，辩证思维与道德相对主义判断存在相同的文化差异。

辩证思维水平高者对道德问题的对错判断更加模棱两可。研究者让被试对道德问题（如是否应支持流产）进行对错评定，结果发现，东亚被试在判断过程中比北美被试体验到更多的矛盾性，并且更加难以做出绝对的判断。相对于北美被试，东亚被试的回答更加模棱两可，他们既考虑问题积极的一面，也考虑问题消极的一面，进而认为这个问题可能是对的，也可能是错的，难以做出最终判断（Hamamura，2004）。在上述道德判断研究中，东亚被试所共同表现出来的这种模棱两可的、难以得出定论的风格就是道德相对主义的重要体现。

在道德判断过程中，东亚被试和北美被试的文化差异正是由两组被试辩证思维水平的不同所引起的（Li，Masuda，Russel，2014）：研究者让中国被试与欧裔加拿大被试填写辩证自我问卷及模棱两可量表，结果发现两组被试在模棱两可量表上的差异，完全是由于其辩证思维程度的不同引起的，即中国被试的辩证思维水平更高，导致他们在判断过程中更加谨慎，不容易做出绝对的判断。在此基础上，研究者进一步操作了被试的辩证思维水平，让一半被试阅读材料来启动其辩证思维，另一半被试不接受任何操作。之后，研究者要求所有被试作为实验室管理者决定要购买哪种实验仪器（如眼动仪）。被试可浏览某种仪器的属性，花费的时间越长说明其越谨慎。结果发现，辩证思维启动组的被试比另一组被试花费更多的时间来做出决定。同时，研究者也发现，当需要决策的事情非常重要（如决定未来的职业）时，无论是中国被试还是欧裔加拿大被试，其谨慎的程度差异不大，而当需要决策的事情并不是很重要时（如决定晚饭的菜肴），两组被试谨慎的程度有差异，并且受到辩证思维的中介作用。该研究进一步证明，思维水平能够影响个体判断时的谨慎程度，个体越倾向于辩证思维，在做出决策和判断时就会越谨慎，表现出更多的犹豫不决。

新近研究发现是辩证思维中的矛盾性维度影响了道德判断。研究者让被试对一些社会问题（如同性恋、资源回收等）进行即时的对错评价，并且实时地使用鼠标追踪任务来考察他们对这些社会问题进行对错判断的过程。结果发现，日本被试比美国被试在评价时花去了更多的沉思时间，并且鼠标轨迹会有更多的起伏（Russell，2013）。这表明，无论是道德问题（如同性恋）还是一般的社会问题（如资源回收），和美国人相比，日本人在判断对错时都更加谨慎，而实验也证实了这种文化差异是由辩证思维中的矛盾性导致的。辩证思维强调矛盾及对矛盾的包容会影响人们对道德问题的评定，因为道德问题可能是对的，也可能是错的，所以被试不会立刻做出抉择。这说明，辩证思维中的矛盾性维度会影响人们对道德问题正确与否的评定。日本人在面对道德问题时鼠标轨迹有更多的起伏，表明他们对屏幕左侧的"对"和右侧的"错"有更大程度的折中和同时容忍，体现了辩证思维中的矛盾性维度的作用。矛盾性影响了人们对道德问题的对错评定，矛盾性高的人会认为同一个道德问题既可能是对的，也可能是错的。因此，当需要对对错进行迫选时，他们很难立刻做出抉择。因而在做判断时，矛盾性高的人会花费较多的时间（Russell，2013）。

上述关于道德判断及决策的研究为辩证思维影响道德相对主义提供了一定的证据。这些研究均证明个体辩证思维水平的差异，特别是辩证思维的矛盾性维度能够影响其道德判断。相对于北美被试，东亚被试更加倾向于辩证思维，进而在社会问题和道德问题的判断上更加谨慎，考虑更多不同的观点，并做出相对的道德判断。这种通过综合考虑多种不同因素而做出相对判断的立场,正是个体倾向于道德相对主义的体现。

第二,辩证思维与道德相对主义包含相同的(分离推理)认知过程。

分离推理能力是影响道德相对主义的重要因素之一。已有研究发现,人们的分离推理能力越高,越容易做出道德相对主义判断(Goodwin & Darley, 2010)。该研究采用不同的分离推理任务进行测量均得到了一致的结果。研究者通过实验室操纵诱发被试不同的分离推理能力。在被试回答某一个道德问题之前,其中一组被试被要求思考若对于某一道德信念人们的意见不统一,可能存在的原因有哪些。结果发现,相比无此操纵的被试,诱发了分离推理能力的被试在进行道德判断时,会更加倾向于道德相对主义。因此,分离推理能力与道德相对主义不仅存在相关关系,并且存在因果关系,分离推理能力高的人会更多地做出道德相对主义判断。

辩证思维与分离推理能力存在一定的共同点。首先,在操作定义上,对辩证思维的操纵和对分离推理的操纵非常相似。在上述研究中,分离推理是通过要求被试思考导致不同道德信念的原因来诱发的(Goodwin & Darley, 2010)。与之相似,对辩证思维的操纵也强调让被试从多个方面思考同一事件(Ma-Kellams, Spencer-Rodgers, Peng, 2011)。

其次,辩证思维者更可能进行分离推理。研究者使用积木任务测量人们的分离推理能力。积木任务为:有 5 块积木堆叠在一起,从上往下数第二块积木是绿色的,第四块积木不是绿色的。是否一定有一块绿色的积木在一块非绿色的积木上面?被试从 3 个选项中进行选择:是、不是与不知道。人们一般做出快速的回答,选择"不知道",但是这一答案是不正确的。做出正确回答需要从正反两个方面考虑第三块积木的颜色。假如第三块积木是绿色的，由于第四块积木是非绿色的，所以题项中的条件是满足的；假如第三块积木不是绿色的，由于第二块积木是绿色的，所以题项中的条件也是满足的。因而正确答案应该选择"是"。研究者认为分离推理能力高的人倾向于从正反两方面来考虑一个问题，这和辩证思维尤其是矛盾性维度是相似的；矛盾性高的人也倾向于从正反两方面来考虑一个问题。如果让被试对某一个事物（如网球拍）进行评价，研究者提供关于这一事物的使用者及事物本身的积极与消极信息，结果发现，矛盾性低的美国人通常会选择某一方面的信息进行评价，而矛盾性高的中国人则会更多地综合不同的信息来对事物进行评价，无论它们是否一致（Aaker & Sengupta，2000）。综上所述，分离推理能力能够影响个体的道德相对主义，而辩证思维与分离推理能力间存在很多相似之处，这也为辩证思维影响道德相对主义提供了一定的证据。

最后，辩证思维与道德相对主义判断具有相同的个体发展进程。

科尔伯格认为道德相对主义出现在儿童时期，而不是成人时期（陈琦，刘儒德，1997）。这是因为儿童没有一条客观的道德标准。在科尔伯格的前习俗水平里，儿童是工具性的，即他们会简单地根据趋乐避苦的原理或父母的要求来判断对错。因此，儿童做出对错判断的标准，是随着自身的感觉和父母的要求相应变化的。这类似于道德相对主义的概念。但儿童这种做出道德判断的原理，在某种程度上是客观的。相反，在科尔伯格描述的后习俗阶段里，个体会根据自身的道德标准来进行道德判断，而这种标准是个体化的，这也比较符合道德相对主义的概念。究竟哪个阶段人们会更加倾向于道德相对主义必须诉诸实证研究。

　　大量研究表明，年纪越大，人们越倾向于道德相对主义。毕比等人（2010）经研究发现，大学生比高中生的道德相对主义程度高。与道德相对主义的发展轨迹相似，辩证思维水平也随年龄的增长而提高。皮亚杰认为道德发展与认知发展相关联。里格尔（1973）在对成人思维方式的研究中提出用辩证运算来扩展皮亚杰的认知发展阶段，他认为辩证运算才是成人思维发展的特点，辩证运算强调人的思维的具体性与灵活性，强调运用全面的信息处理问题。里格尔（1973）尤其强调矛盾的作用，他认为在思考问题时，人们需要以矛盾为基础，接受矛盾才可以发展到成熟的思维阶段。辩证思维在青少年时期发展迅速，而在成人前期发展成熟（林崇德，2002）。因而，辩证思维很有可能是成人能够更多地做出道德相对主义判断的原因。

# 参考文献

[1] AAKER J L, SENGUPTA J. Additivity versus attenuation: the role of culture in the resolution of information incongruity[J]. Journal of consumer psychology, 2000, 9: 67-82.

[2] ALTER A L, KWAN V S Y. Cultural sharing in a global village: evidence for extracultural cognition in European Americans[J]. Journal of personality & social psychology, 2009, 96: 742-760.

[3] AMESL A. Frustration theory : many years later[J]. Psychological bulletin, 1992, 112(3): 396-399.

[4] ARON I E. Moral philosophy and moral educational: a critique of Kohlberg's theory[J]. School review. 1977, 85: 197-217.

[5] ASCH S E. Opinions and social pressure[J]. Scientific American, 1955(November): 31-35.

[6] BAARS M Y, MULLER M J, GALLHOFER B, et al. Depressive and aggressive responses to frustration: develpoment of a questionnaire and its validation in a sample of male alcoholics[J]. Depression research and treatment.2011, 10: 1-19. DOI:10.1155/2011/352048.

[7] BACH M, POLOSCHEK C M.Optical illusions[J]. Journal of the Franklin Institute, 2013, 24(12):425-427.

[8] BAGOZZI R P, WONG N, YI Y. The role of culture and gender in the relationship between positive and negative affect[J]. Cognition & emotion, 1999, 13: 641-672.

[9] BALDO M V C, RANVAUD R D, MORYA E.Flag errors in soccer games: the flash-lag effect brought to real life[J]. Perception, 2002, 31(10): 10.

[10] BANDURA A. Aggretion: a social leaning analysis[M]. Englewood Cliff, NJ: Prentice Hall, 1973.

[11] BARON J.Nonconsequentialist decisions[J]. Behavioral and brain sciences, 1994, 17:

1-42.

[12] BARON R A.Human aggression[M].New York:Plenum Press, 1977.

[13] BARTLETT F C. Remembering: a study in experimental and social psychology[M]. Cambridge, UK: Cambridge University Press, 1932.

[14] BARTOSHUK L M. The biological basis of food perception and acceptance[J]. Food quality and preference, 1993, 4: 21-32.

[15] BAUMEISTER R F. Is there anything good about men? How cultures flourish by exploring men[M]. New York: Oxford University Press, 2010.

[16] BAUMEISTER R F, BRATSLAVSKY E, MURAVEN M, et al. Ego depletion: is the active self a limited resource[J]. Journal of personality and social psychology,1998, 74(5): 1252-1265.

[17] BAUMEISTER R F, MURAVEN M, TICE D M. Ego depletion: a resource model of volition, self-regulation, and controlled processing[J]. Social cognition, 2000, 18: 130-150.

[18] BAZERMAN M H,GINO F. Behavioral ethics: toward a deeper understanding of moral judgment and dishonesty[J]. Annual review of law and social science, 2012, 8: 85-104.

[19] BEEBE J R. How different kinds of disagreement impact folk metaethical judements[M] // Wright J C, Sarkissian H. Advances in experimental moral psychology: affect, character, and commitments. London: Bloomsbury, 2014.

[20] BEEBE J R,SACKRIS D. Moral objectivism across the lifespan[J]. Philosophical psyohology, 2016, 29(6): 912-929.

[21] BERGMAN R C. Educating the moral self: from Aristotle to Augusto Blasi[D]. Lincoln: University of Nebraska, 2005.

[22] BERKOWITZ L. Aversively stimulated aggression[J]. American psychologist, 1983, 38(11): 1135-1144.

[23] BERKOWITZ L.Frustration-aggression hypotheses: examination and reformulation[J]. Psychological bulletin,1989, 106(1): 59-73.

[24] BEXTON W H, HERON W, SCOTT R H. Effects of decreased variation in the sensory environment[J]. Canadian Fournal of psychology, 1954, 8(2): 70-76.

[25] BOGGIANO A K, HARACKIEWICZ J M, BASSETE J M, et al. Use of the maximal-operant principle to motivate children's intrinsic interest[J]. Journal of personality and social psychology, 1985, 53: 866-879.

[26] BOOTHBY E J, COONEY G, SANDSTROM G M, et al. The liking gap in conversations: do people like us more than we think?[J]. Psychological science, 2018, 29(11): 1742-1756.

[27] BORTON S, CASEY C.Suppression of negative self-referential thoughts: a field study[J]. Self and identity, 2006, 5: 230-246.

[28] BOUCHER H C. The dialectical self-concept II: cross-role and within-role consistency, well-being, self-certainty, and authenticity[J]. Journal of cross-cultural psychology, 2011, 42: 1251-1271.

[29] BOUCHER H C, O'DOWD M C. Language and the bicultural dialectical self[J]. Cultural diversity and ethnic minority psychology, 2011, 17: 211-216.

[30] BOUCHER H C, PENG K, SHI J, et al.Culture and implicit self-esteem: Chinese are "good" and "bad" at the same time[J]. Journal of cross-cultural psychology, 2009, 40: 24-45.

[31] BOUMA H K. Is empathy necessary for the practice of "good" medicine?[J]. The open ethics journal, 2008, 2: 1-12.

[32] BRAUN K A, ELIS R, LOFEUS E F. Make my memory: how advertising can change our memories of the past[J]. Psychology & marketing, 2002, 19:1-23.

[33] BREHM J W. Postdecision changes in the desirability of alternatives[J]. Journal of abnormal and social psychology, 1956, 52: 384-389.

[34] BRICKMAN P, COATES D, JANOFF-BULMAN R. Lottery winners and accident victims: is happiness relative?[J]. Journal of personality and social psychology, 1978, 36:917-927.

[35] BROWN J D, DUTTON K A, COOK K E. From the top down: self-esteem and self-evaluation[J]. Cognition and emotion, 2001,15(5):615-631.

[36] BUSHMAN B J, BAUMEISTER R F. Threatened egotism, narcissism, self-esteem, and direct and displaced aggression: does self-love or self-hate lead to violence?[J]. Journal of personality and social psychology, 1998, 75: 219-229.

[37] CAMPBELL J D, TRAPNELL P D, HEINE S J, et al. Self-concept clarity:

measurement, personality correlates, and cultural boundaries[J]. Journal of personality and social psychology, 1996, 70: 141-156.

[38] CAMPBELL W K, BOSSON J K, GOHEEN T W, et al. Do narcissists dislike themselves "deep down inside"?[J]. Psychological science, 2007, 18: 227-229.

[39] CAMPBELL W K, RUDICH E, SEDIKIDES C. Narcissism, self-esteem, and the positivity of self-views: two portraits of self-love[J]. Personality and social psychology bulletin, 2002, 28: 358-368.

[40] CARPENTER S K, WILFORD M M, KORNELL N, et al. Appearances can be deceiving: instructor fluency increases perceptions of learning without increasing actual learning[J]. Psychonomic bulletin review, 2013, 20(6): 1350-1356.

[41] CELLERINO A.Psychobiology of facial attractiveness[J]. Journal endocrinol invest,2003, 26(3 Suppl): 45-48.

[42] CHEN S, ENGLISH T, PENG K. Self-verification and contextualized self-views[J]. Personality and social psychology bulletin, 2006, 32: 930-942.

[43] CHENG C. Dialectical thinking and coping flexibility: a multimethod approach[J]. Journal of personality, 2009, 77: 471-493.

[44] CHERRY E C. Some experiments on the recognition of speech, with one or two ears[J]. The Journal of the acoustical society of America, 1953, 25, 975-979.

[45] CHESS S, THOMAS A. Temperament: theory and practice[M]. New York: Routledge, 2013.

[46] CHIU C Y, HONG Y Y, DWECK C S. Lay dispositionism and implicit theories of personality[J]. Journal of personality and social psychology, 1997, 73: 19-30.

[47] CHOI I, CHOI Y. Culture and self-concept flexibility[J]. Personality and social psychology bulletin, 2002, 28: 1508-1517.

[48] CHOI I, KOO M, CHOI J A. Individual differences in analytic versus holistic thinking[J]. Personality & social psychology bulletin, 2007, 33: 691-705.

[49] CHUANG S-C, KAO D T, CHENG Y-H,et al. The effect of incomplete information on the compromise effect[J]. Judgment and decision making, 2012, 7(2): 196-206.

[50] COLLINS N. Is narcissism good for business[J]. Brain & behavior, 2010, 4: 23-35.

[51] CRAIN W. Theories of development[M]. Englewood Cliff, NJ: Prentice Hall, 1985: 118-136.

[52] CUDDY A J, WILMUTH C A, YAP A J, et al. Preparatory power posing affects nonverbal presence and job interview performance[J]. Journal of applied psychology, 2015, 100(4): 1286.

[53] CUNNINGHAMM R, ROBERTS A R, BARBEEA P, et al. Their ideas of beauty are, on the whole, the same as ours: consistency and variability in the cross-cultural perception of female physical attractiveness[J]. Journal of personality and social psychology, 2005, 68:261-279.

[54] CUSHMAN F, YOUNG L, GREENE J D. Our multi-system moral psychology: towards a consensus view[M] // DORIS J, HARMAN G, NICHOLS S, et al. The Oxford handbook of moral psychology. Oxford, UK: Oxford University Press, 2010.

[55] DANIEL F, PAUL C, MELISSA G. Are women's mate preferences for altruism also influenced by physical attractiveness?[J]. Evolutionary psychology, 2016, 1: 1-20.

[56] DANNER D D, SNOWDON D A, FRIESEN W V. Positive emotions in early life and longevity: findings from the nun study[J]. Journal of personality and social psychology, 2001, 80: 804-813.

[57] DARLEY J M, LATANÉ B. Bystander intervention in emergencies: diffusion of responsibility[J]. Journal of personality and social psychology. 1968, 8: 377-383.

[58] DARLEY J M. Book review essay[J]. Political psychology, 1995, 5: 289-291.

[59] DARLEY J M, BATSON C D. From Jerusalem to Jericho: a study of situation and dispositional variables in helping behavior[J]. Journal of personality and social psychology, 1973, 27: 100-108.

[60] DASHIELL J E. An experimental analysis of some group effects[J]. Journal of abnormal and social psychology, 1930, 25: 190-199.

[61] DEMENT W C. The promise of sleep[M]. New York: Delacorte Press, 1999.

[62] DEMO D H. The self-concept over time: research issues and directions[J]. Annual review of sociology, 1992, 18: 303-326.

[63] DEMOTTA Y, CHAO M CH, KRAMER T. The effect of dialectical thinking on the integration of contradictory information[J]. Journal of consumer psychology, 2016, 26: 40-52.

[64] DILL J C, ANDERSON C A. Effects of frustration justification on hostile aggression[J]. Aggression behavior, 1995, 21(5): 359-369.

[65] DOLLARD J, DOOB L, MILLER N, et al. Frustration and aggression[M].New Haven,CT:Yale University Press, 1939.

[66] DOLLINGER S, LAMARTINA A. A note on moral reasoning and the five-factor model[J]. Journal of social behavior and personality, 1998, 13: 349-358.

[67] DUFFY S, TORIYAMA R, ITAKURA S, et al. Development of cultural strategies of attention in North American and Japanese children[J]. Journal of experimental child psychology, 2009, 102: 351-359.

[68] DUNNING D, GRIFFIN D W, MILOJKOVIC J D, et al. The overconfidence effect in social prediction[J]. Journal of personality and social psychology, 1990, 58: 568-581.

[69] DUTTON D G, ARON A. Some evidence for heightened sexual attraction under conditions of high anxiety[J]. Journal of personality and social psychology, 1974, 30: 510-517.

[70] EKMAN P. Expression and the nature of emotion[M] // SCHERER K R, EKMAN P. Approaches to emotion. Hillsdale, NJ: Erlbaum, 1984.

[71] EKMAN P, SORENSON E R, FRIESEN W V. Pan-cultural elements in facial displays of emotion[J]. Science, 1969, 164: 86-88.

[72] EMMONS R A, MCCULLOUGH M E. Counting blessings versus burdens: an experimental investigation of gratitude and subjective well-being in daily life[J]. Journal of personality and social psychology, 2003, 84: 377-389.

[73] ENDO Y, HEINE S J, LEHMAN D R. Culture and positive illusions in close relationships: how my relationships are better than yours[J]. Personality and social psychology bulletin, 2000, 26: 1571-1586.

[74] ENGLISH T, CHEN S. Culture and self-concept stability: consistency across and within contexts among Asian Americans and European Americans[J]. Journal of personality and social psychology, 2007, 93: 478-490.

[75] EPLEY N, DUNNING D. Feeling holier than thou: are self-serving assessments produced by errors in self-or social prediction?[J]. Journal of personality and social psychology, 2000, 79, 861-875.

[76] EPLEY N, GILOVICH T. When effortful thinking influences judgmental anchoring: differential effects of forewarning and incentives on self-generated and externally provided anchors[J]. Journal of behavioral decision making, 2005, 18(3): 199-212.

[77] ESKINE K J, KACINIK N A, PRINZ J J. A bad taste in the mouth: gustatory disgust influences moral judgment[J]. Psychological science, 2011, 22(3): 295-299.

[78] FELTZ A, COKELY E T.The fragmented folk: more evidence of stable individual differences in moral judgments and folk intuitions[M] // LOVE B C, MCRAE K, SLOUTSKY V M. Proceedings of the 30th annual conference of the cognitive science society. Austin, TX: Cognitive Science Society, 2008.

[79] FESTINGER L. A theory of cognitive dissonance[M]. Palo Alto: Stanford University Press, 1954.

[80] FESTINGER L, CARLSMITH J. Cognitive consequences of forced compliance[J]. Journal of abnormal psychology, 1959, 58:203-210.

[81] FISCHER K W, TANGNEY J P. Self-conscious emotions and the affect revolution: framework and overview[M] // TANGNEY J P, FISCHER K W. Self-conscious emotions: the psychology of shame, guilt, embarrassment, and pride. New York: Guiford, 1995.

[82] FISCHER R, CHALMERS A. Is optimism universal? A meta-analytical investigation of optimism levels across 22 nations[J]. Personality and individual difference, 2008,45(5):378-382.

[83] FLOYD K, MIKKELSON A C, HESSE C, et al. Affectionate writing reduces total cholesterol: two randomized, controlled trials[J]. Human communication research, 2007, 33: 119-142.

[84] FORSYTH D R. A taxonomy of ethical ideologies[J]. Journal of personality and social psychology, 1980, 39: 175-184.

[85] FORSYTH D R, KERR N A, BURNETTE J L, et al. Attempting to improve the academic performance of struggling college students by bolstering their self-esteem: an intervention that backfired[J]. Journal of social and clinical psychology, 2007, 26: 447-459.

[86] FREEDMAN J L, FRASER S C. Compliance without pressure: the foot-in-the-door technique[J]. Journal of personality and social psychology, 1966, 4: 195-202.

[87] FREEMAN S. Utilitarianism, deontology and the priority of right[J]. Philosophy and public affairs,1994, 23(4): 313-349.

[88] FREUD S. Types of onset of neurosis[M] // STRACHEY J. The standard edition of

the complete psychological works of Sigmund Freud. vol.12, London: Hogarth Press, 1958: 227-230.

[89] GALINSKY A D, AUMANN K, BOND L T. Times are changing: gender and generation at work and at home[M]. New York: Families and Work Institute, 2009.

[90] GALLUP G S. Self-recognition in primates: a comparative approach in bidirectional properties of consciousness[J]. American psychologist, 1977, 32: 329-338.

[91] GAUS G F.What is deontology? part one: orthodox views[J]. The journal of value inquiry, 2001, 35: 27-42.

[92] GERARD H B,WILHELMY R A, CONOLLEY E S. Conformity and group size[J]. Journal of personality and social psychology, 1968, 8: 79-82.

[93] GILBERT D T, WILSON T D. Miswanting: some problems in the forecasting of future affective states[M] // FORGAS J.Feeling and thinking: the role of affect in social cognition. Cambridge, England: Cambridge University Press, 2000.

[94] GILLIGAN C. Moral injury and the ethic of care: reframing the conversation about differences[J]. Journal of social philosophy, 2014, 1: 89-106.

[95] GILLIGAN C, ATTNUCCI J. Two moral orientations: gender differences and similarities[J].Merrill-Palmer quarterly, 1988, 34: 223-237.

[96] GLENBERG A M, EPSTEIN W. Inexpert calibration of comprehension[J]. Memory & cognition, 1987, 15(1): 84-93.

[97] GOETHALS G R, MESSICK D W, ALLISON S T. The uniqueness bias: studies of constructive social comparison[M] // SULS J, WILLS T A.Social comparison: contemporary theory and research. Hillsdale, NJ: Erlbaum, 1991.

[98] GOETZ J L, SPENCER-RODGERS J, PENG K. Dialectical emotions: how cultural epistemologies influence the experience and regulation of emotional complexity[M] // SORRENTINO R M, YAMAGUCHI S. Handbook of motivation and cognition across cultures. Amsterdam, Netherlands: Elsevier, 2008.

[99] GOODEN D R, BADDELEY A D. Context-dependent memory in two natural environments: on land and under water[J]. British journal of psychology, 1975, 66: 325-331.

[100] GOODWIN G P, DARLEY J M. The perceived objective of ethical beliefs: psychological findings and implications for public policy[J]. Review of philosophical

psychology, 2010, 1: 161-188.

[101] GOODWIN G P, DARLEY J M.The psychology of meta-ethics: exploring objectivism[J]. Cognition, 2008, 106: 1339-1366.

[102] GOODWIN G P, DARLEY J M. Why are some moral beliefs seen as more objective than others?[J]. Journal of experimental social psychology, 2012, 48: 250-256.

[103] GOWANS C. Moral Relativism[DB/OL] // ZALTA E N. The Stanford encyclopedia of philosophy. 2004-02-19 [2021-12-20].https://plato.stanford.edu/entries/moral-relativism/.html.

[104] GRAHAM J, HAIDT J, NOSEK B A. Liberals and conservatives rely on different sets of moral foundations[J]. Journal of personality and social psychology, 2009, 96: 1029-1046.

[105] GRAHAM J, HAIDT J, KOLEVA S, et al. Moral foundations theory: the pragmatic validity of moral pluralism[J]. Experimental social psychology, 2013, 47: 55-130.

[106] GRAHAM J, NOSEK B A, HAIDT J, et al. Mapping the moral domain[J]. Journal of personality and social psychology, 2011, 101: 366-385.

[107] GRAY K, KEENEY J E. Impure or just weird? Scenario sampling bias raises questions about the foundation of morality[J]. Social psychological and personality science, 2015, 8: 859-868.

[108] GREENE J D, SOMMERVILLE R B, NYSTROM L E, et al. An fMRI investigation of emotional engagement in moral Judgment[J]. Science, 2001, 293: 2105-2108.

[109] GREENE J D. From neural "is" to moral "ought": what are the moral implications of neuroscientific moral psychology?[J]. Nature Reviews Neuroscience, 2003, 4: 847-850.

[110] GREENE J D, NYSTROM L E, ENGELL A D, et al. The neural bases of cognitive conflict and control in moral judgment[J]. Neuron. 2004, 44: 389-400.

[111] GREENWALD A G, BANAJI M R. Implicit social cognition: attitude, self-esteem, and stereotypes[J]. Psychological review, 1995, 102: 4-27.

[112] HAIDT J, GRAHAM J.When morality opposes justice: conservatives have moral intuitions that liberals may not recognize[J]. Social justice research, 2007, 20: 98-116.

[113] HAIDT J, JOSEPH C. Intuitive ethics: how innately prepared intuitions generate culturally variable virtues[J].Daedalus, special issue on human nature, 2004, 133(4):

55-66.

[114] HAIDT J, KOLLER S, DIAS M. Affect, culture and morality, or is it wrong to eat your dog?[J]. Journal of personality and social psychology. 1993, 65: 613-628.

[115] HAIDT J. The emotional dog and its rational tail: a social intuitionist approach to moral judgment[J]. Psychological review, 2001, 108: 814-834.

[116] HAIDT J. The new synthesis in moral psychology[J]. Science, 2007, 316: 998-1002.

[117] HAMAMURA T. Cultural difference in dialectical response style: how much yes is in your yes?[D].Vancouver: University of British Columbia, 2004.

[118] HAN H, JEONG C. Improving epistemological beliefs and moral judgment through an STS-based science ethics education program[J]. Science and engineering ethics. 2013, 2:1-24.

[119] HANSEN C A. Daoist theory of Chinese thought: a philosophical interpretation[M]. New York, NY: Oxford University Press, 1992.

[120] HARMAN G. Moral relativism explained[M]. Princeton: Princeton University,2012: 1-13.

[121] HEINE S J, LEHMAN D R. The cultural construction of self-enhancement: an examination of group-serving biases[J]. Journal of personality and social psychology, 1997, 72: 1268-1283.

[122] HEWSTONE M, WARD C. Ethnocentrism and causal attribution in Southeast Asia[J]. Journal of personality and social psychology, 1985, 48: 614-623.

[123] HUI C M, FOK H K, BOND M H. Who feels more ambivalence? linking dialectical thinking to mixed emotions[J]. Personality and individual differences, 2009, 46: 493-498.

[124] HUME D. A treatise of human nature[M]. SELBY-BIGGE L A, NIDDICH P H, edit. 2nd ed. Oxford: Clarendon Press, 1978.

[125] HUNT P J, HILLERY J M. Social facilitation in a location setting: an examination of the effects over learning trials[J]. Journal of experimental social psychology, 1973, 9: 563-571.

[126] ISEN A M. Positive affects and decision making[M] // LEWIS M, HAVILAND-JONES J M. The handbook of emotion. New York: Guilford Press, 1993.

[127] ISEN A M, CLARK M, SCHWARTZ M F. Duration of the effect of good mood on

helping: footprints on the sands of time[J]. Journal of personality and social psychology, 1976, 34: 385-393.

[128] ISEN A M, LEVIN P F. The effect of feeling good on helping: cookies and kindness[J]. Journal of personality and social psychology, 1972, 21: 384-388.

[129] JAMES W. The principles of psychology[M]. New York: Holt, 1890.

[130] JENKINS J G, DALLENBACH K M. Obliviscence during sleep and waking[J]. American journal of psychology, 1924, 35: 605-612.

[131] JENSEN H. Gilbert Harman's defense of moral relativism[J]. Philosophical studies, 1976, 30: 1-9.

[132] JI L J. The leopard cannot change his spots, or can he? Culture and the development of lay theories of change[J]. Personality and social psychology bulletin, 2008, 34: 613-622.

[133] JI L J, GUO T, ZHANG Z, et al. Looking into the past: cultural differences in perception and representation of past information[J]. Journal of personality and social psychology, 2009, 96: 761-769.

[134] JI L J, NISBETT R E, SU Y. Culture, change, and prediction[J]. Psychological science, 2001, 12: 450-456.

[135] JI L J, PENG K, NISBETT R E. Culture, control, and perception of relationships in the environment[J]. Journal of personality and social psychology, 2000, 78: 943-955.

[136] JI L J, ZHANG Z, GUO T. To buy or to sell: cultural differences in stock market decisions based on price trends[J]. Journal of behavioral decision making, 2008, 21: 399-413.

[137] JI L J, ZHANG Z, USBORNE E, et al. Optimism across cultures: in response to the severe acute respiratory syndrome outbreak[J]. Asian journal of social psychology, 2004, 7: 25-34.

[138] JOHNSON R.Kant's moral philosophy[DB/OL] // ZALTA E N. The Stanford encyclopedia of philosophy. (2004-02-23) [2021-12-20]. https: // plato.stanford. edu/ entries/ kant-moral.

[139] KAHNEMAN D, KNETSCH J, THALER R H. Experimental tests of the endowment effect and the Coase theorem[J]. The journal of political economy, 1990, 98(6): 1325.

[140] KAHNEMAN D, TVERSKY A. Subjective probability: a judgment of representa-

tiveness[J]. Cognitive psychology, 1972, 3: 430-454.

[141] KAYSER D N, ELLIOT A, ROGER J, et al. Red and romantic behavior in men viewing women[J]. European journal of social psychology, 2010, 40(6): 901.

[142] KEENER M C. Integration of comprehension and metacomprehension using narrative texts[D]. SLC: The University of Utah, 2011.

[143] KING L A. The health benefits of writing about life goals[J]. Personality and social psychology bulletin, 2001, 27: 798-807.

[144] KITAYAMA S, MARKUS H R, KUROKAWA M. Culture, emotion, and well-being: good feelings in Japan and the United States[J]. Cognition & emotion, 2000, 14: 93-124.

[145] KOHLBERG L. The cognitive-development approach to moral education[J]. Phi Delta Kappan, 1975, 56: 670-677.

[146] KRAUS M W, HUANG C, KELTNER D. Tactile communication, cooperation, and performance: an ethological study of the NBA[J]. Emotion, 2010, 10(5): 745-749.

[147] LAPSLEY D K. Moral agency, identity and narrative in moral development[J]. Commentary, 2010, 53: 87-97.

[148] LAPSLEY D K. Moral Stage Theory[M] // KILLEN M, SMETANA J G. Handbook of moral development. Hillsdale, New Jersey: Lawrence Erlbaum Associates, Inc, 2008.

[149] LAPSLEY D K, HILL P L. On dual processing and heuristic approaches to moral cognition[J]. Journal of moral education, 2008, 3: 313-332.

[150] LATANCE B, DADLEY J M. Group inhibition of bystander intervention in emergencies[J]. Journal of personality and social psychology, 1968, 10: 215-221.

[151] LEARY M R. The self we know and the self we show: self-esteem, self-presentation, and the maintenance of interpersonal relationships[M] // BREWER M, HEWSTONES M. Emotion and motivation. Malden, MA: Usishers, 2004.

[152] LEARY M R. The social and psychological importance of self-esteem[M] // KOWALSKI R M, LEARY M R. The social psychology of emotional and behavioral problems. Washington, DC: American Psychological Association, 1999.

[153] LEPPER M R, GREEN D. The hidden costs of reward[M]. Hillsdale, NJ: Erlbaum, 1979.

[154] LEU J, MESQUITA B, ELLSWORTH P C,et al. Situational differences in dialectical emotions: boundary conditions in a cultural comparison of North Americans and East Asians[J]. Cognition &emotion, 2010, 24: 419-435.

[155] LEWIS M, BROOKS-GUNN J. Social cognition and the acquisition of self[M]. New York: Plenum Press, 1979.

[156] LI L M W, MASUDA T, RUSSELL M J. Culture and decision-making: investigating cultural variations in the East Asian and North American online decision-making processes[J]. Asian journal of social psychology, 2015, 18: 183-191.

[157] LI L M W, MASUDA T, RUSSELL M J. The influence of cultural lay beliefs[J]. Personality and individual differences, 2014, 68: 6-12.

[158] LI Y, LIU R, SCHACHTMAN T R. Cultural differences in revaluative attributions[J]. Journal of cross-cultural psychology, 2016, 47: 149-166.

[159] LI Y, SHELDON K M, LIU R. Dialectical thinking moderates the effect of extrinsic motivation on intrinsic motivation[J]. Learning and individual differences, 2015, 39: 89-95.

[160] LILJENQUIST K, ZHONG C B, GALINSKY A D. The smell of virtue: clean scents promote reciprocity and charity[J]. Psychological science, 2010, 21: 381-383.

[161] LIN C H, YEN H, CHUANG S C. The effects of mood and need for cognition on consumer choice involving risk[J]. Marketing letters, 2006, 17: 47-60.

[162] LOCKHART K L, NAKASHIMA N, INAGAKI K,et al. From ugly duckling to swan? Japanese and American beliefs about the stability and origins of traits[J]. Cognitive development, 2008, 23: 155-179.

[163] LOFTUS E F, PALMER J C. Reconstruction of automobile destruction: an example of the interaction between language and memory[J]. Journal of verbal learning and verbal behavior, 1974, 13: 585-589.

[164] LOURENÇO O, MACHADO A. In defense of Piaget's theory: a reply to 10 common criticisms[J]. Psychological review, 1996, 103(1): 143-164.

[165] MACKIE J. Ethics: Inventing right and wrong[M]. London: Penguin, 1977.

[166] MACNAB Y C, MALLOY D C, HADJISTAVROPOULOS T, et al. Idealism and relativism across cultures: across-cultural examination of physicians' responses on the ethics position questionnaire (EPQ)[J]. Journal of cross-cultural psychology,2011,

42(7): 1272-1278.

[167] MADDIX M A. Unite the pair so long disjoined: justice and empathy in moral development theory[J]. Christian education journal, 2011, 8: 46-63.

[168] MADDUX W W, YUKI M. The ripple effect: cultural differences in perceptions of the consequences of events[J]. Personality and social psychology bulletin, 2006, 32: 669-683.

[169] MA-KELLAMS C, SPENCER-RODGERS J, PENG K. I am against us? Unpacking cultural differences in ingroup favoritism via dialecticism[J]. Personality and social psychology bulletin, 2011, 37: 15-27.

[170] MARKUS H R, KITAYAMA S. Culture and the self: implications for cognition, emotion, and motivation[J]. Psychological review, 1991, 98: 224-253.

[171] MARTIN G B, CLARK R D. Distress crying in neonates: species and peer specificity[J]. Developmental psychology, 1982, 18(1): 3-9.

[172] MASLOW A H. Toward psychology of human being[M]. Princeton: Van Nostrand, 1968.

[173] MASUDA T, NISBETT R E. Attending holistically versus analytically: comparing the context sensitivity of Japanese and Americans[J]. Journal of personality and social psychology, 2001, 81: 922-934.

[174] MCBURNEY D H, GENT J F. On the nature of taste qualities[J]. Psychological bulletin,1979, 86: 151-167.

[175] MCCONNELL T. Critical review of Davis Wong's moral relativity[M]. Berkeley: University of California Press, 1986.

[176] MCKAY D G. Aspects of a theory of comprehension, memory, and attention[J]. Quartely journal of experimental psychology, 1973, 25: 22-40.

[177] MCPHAIL P, CHAPMAN H, UNGOED-THOMAS J R. Review: Lifeline: Peter Mcphail, Hilary Chapman and J. R. Ungoed-Thomas. London: Longman Group on behalf of the Schools Council. Various prices. Complete list from the publishers[J]. Health education journal. 1973, 32: 134.

[178] MEDDIN J.Chimpanzees, symbols, and the reflective self[J]. Social psychology quarterly, 1979, 42: 99-109.

[179] MEIER B P, MOELLER S K, RIEMER-PELTZ M,et al. Sweet taste preferences and

experiences predict pro-social inferences, personalities, and behaviors[J]. Journal of personality and social psychology, 2012, 102(1): 163-174.

[180] MELZACK R. Psychological aspects of pain[M] // BONICA J J. Pain. New York: Raven Press, 1980.

[181] MELZACK R. The puzzle of pain[M]. New York: Basic Books, 1973.

[182] MICHAEL A. Two challenges to moral nihilism[J]. The monist, 2010, 93: 96-105.

[183] MILGRAM S. Some conditions of obedience and disobedience to authority[J]. Human relations, 1965, 18: 57-76.

[184] MILLER C. Moral relativism and moral psychology[J]. A companion to relativism, 2011, 346-367.

[185] MILLER C. Rorty and moral relativism[J]. European journal of philosophy, 2002, 10: 354-374.

[186] MILLER C. Social psychology, mood and helping: mixed results for virtue ethics[J]. The journal of ethics, 2009, 13:145-173.

[187] Miller G. The roots of morality[J]. Science, 2008, 320: 734-737.

[188] MISCHEL W, SHODA Y, PEAKE P K. The nature of adolescent competencies predicted by preschool delay of gratification[J]. Journal of personality and social psychology, 1988, 54(4): 687-696.

[189] MISCHEL W, SHODA Y, RODRIGUEZ M L. Delay of gratification in children[J]. Science, 1989, 244(4907): 933-938.

[190] MIYAMOTO Y, RYFF C D. Cultural differences in the dialectical and non-dialectical emotional styles and their implications for health[J]. Cognition and emotion, 2011, 25: 22-39.

[191] MOLL J, DE OLIVEIRRA-SOUZA R, ESLONGERP J. Morals and the human brain: a working model[J]. Neuroreport, 2003, 14: 299-305.

[192] MORIO H, YEUNG S, PENG K. Of mice and culture: how beliefs of knowing affect the habits of thinking[Z]. Unpublished manuscript, University of California, Berkeley, 2010.

[193] MULLEN B, GOETHALS G R. Social projection, actual consensus and valence[J]. British journal of social psychology, 1990, 10: 233-252.

[194] MULLEN B, BRYANT B, DRISKELL J E. Presence of others and arousal: an integration[J]. Group dynamics: theory, research, and practice, 1997, 1: 52-64.

[195] MURAVEN M, TICE D M, BAUMEISTER R F. Self-control as a limited resource: regulatory depletion patterns[J]. Journal of personality and social psychology, 1998, 74: 774-790.

[196] MURRAY S L, HOLMES J G, GRIFFIN D W. Self-esteem and the quest for felt security: how perceived regard regulates attachment processes[J]. Journal of personality and social psychology, 2000, 78: 478-498.

[197] NA J, GROSSMANN I, VARNUM M E, et al. Cultural differences are not always reducible to individual differences[J]. Proceedings of the national academy of sciences, 2010, 107: 6192-6197.

[198] NAVON D. Forest before trees: the precedence of global features in visual perception[J]. Cognitive psychology, 1977, 9: 353-383.

[199] NG A H, HYNIE M. Cultural differences in indecisiveness: the role of naïve dialecticism[J]. Personality and individual differences, 2014, 70: 45-60.

[200] NICHOLS S. After objectivity: an empirical study of moral judgment[J]. Philosophical psychology, 2004, 17(2): 5-28.

[201] NICHOLS S, FOLDS-BENNETT T. Are children moral objectivists? Children's judgments about moral and response-dependent properties[J]. Cognition, 2003, 90: B23-B32.

[202] NISBETT R E, BORGIDA E. Attribution and the psychology of prediction[J]. Journal of personality and social psychology, 1975, 32: 932-943.

[203] NISBETT R E, PENG K, CHOI I, et al. Culture and systems of thought: holistic versus analytic cognition[J]. Psychological review, 2001, 108: 291-310.

[204] NISBETT R E, WILSON T D. Telling more than we can know: verbal reports on metal processes[J]. Psychological review, 1977, 84(3): 231-259.

[205] ONNO G, JASON B M, NICOLE W. Altering brain dynamics with transcranial random noise stimulation[J]. Scientific Reports, 2019, 1: 23-31. DOI: 10.1038/s41598-019-40335-w.

[206] PARKER-TAPIAS M, PENG K. Locating culture within the theory of planned behavior[C] // Papers presented at American Psychological Association meeting. San

Francisco, CA: American Psychological Association, 2001.

[207] PENG K, NISBETT R E. Culture, dialecticism, and reasoning about contradiction[J]. American psychologist, 1999, 54: 741-754.

[208] PENG K, AMES D R, KNOWLES E D. Culture and human inference: perspectives from three traditions[M] // MATSUMOTO D. The handbook of culture and psychology. New York: Oxford University Press, 2001.

[209] PENG K, SPENCER-RODGERS J, ZHONG N. Naïve dialecticism and the Tao of Chinese thought[M] // KIM U, YANG K-S, HWANG K-K. Indigenous and cultural psychology: understanding people in context. New York: Springer, 2006.

[210] PENNER L A, DERTKE M C, ACHENBACH C J. The "flash" system: a field study of altruism[J]. Journal of applied social psychology, 1973, 3: 362-370.

[211] PERUNOVIC W Q E, HELLER D, RAFAELI E. Within-person changes in the structure of emotion: the role of cultural identification and language[J]. Psychological science, 2007, 18: 607-613.

[212] POVINELL D J, RULF A B, LANDAU K R, et al. Self-recognition in chimpanzees (Pan troglodytes): distribution, ontogeny, and patterns of emergence[J]. Journal of comparative psychology, 1993, 107: 347-372.

[213] PRINZ J. The emotional basis of moral judgments[J]. Philosophical explorations, 2006, 9: 29-43.

[214] QUINTELIER K J, FESSLER D M. Varying versions of moral relativism: the philosophy and psychology of normative relativism[J]. Biology & philosophy, 2012, 27(1): 95-113.

[215] RAI T S, HOLYOAK K J. Exposure to moral relativism compromises moral behavior[J]. Journal of experimental social psychology, 2013, 49: 995-1001.

[216] REGAN R T. Effects of a favor and liking on compliance[J]. Journal of experimental social psychology, 1971, 7: 627-639.

[217] REST J R, NARVAEZ D, THOMA S J, et al. A Neo-Kohlbergian approach to morality research[J]. Journal of moral education, 2000, 29: 381-395.

[218] RIEGEL K. Dialectic operations: the final period of cognitive development[J]. Human development, 1973, 16: 346-370.

[219] ROGERS K H, BIESANZ J C. The accuracy and bias of interpersonal perceptions in intergroup interactions[J]. Social psychological and personality science, 2014, 5: 918-926.

[220] ROSEMAN I J. Appraisal determinants of discrete emotions[J]. Cognition & emotion, 1991, 5: 161-200.

[221] ROSENBERG LA. Group size, prior experience and conformity[J]. Journal of abnormal and social psychology, 1961, 63: 436-437.

[222] ROSENBLATT P C, LI X. Researching Chinese cultural understandings of marriage via similes and metaphors on the World Wide Web[J]. Marriage and Family Review, 2012, 48: 109-124.

[223] RUBACK R B, CARR T S, HOPER C H. Perceived control in prison: its relation to reported crowding, stress, and symptoms[J]. Journal of applied social psychology, 1986, 16:375-386.

[224] RUSSELL M J. How salience of consistency norms affects individual differences in ambivalent answering in North Americans[D]. Edmonton: University of Alberta, Canada, 2013.

[225] RUTUJA C, VAISHALI M. Frustration and anxiety among sportsmen in team games vis-a-vis sportsmen in individual games[J]. Journal of psychosocial research. 2012, 7(1): 95-100.

[226] SARKISSIAN H, PARKS J, TIEN D, et al. Folk moral relativism[J]. Mind & language, 2011, 26(4): 482-505.

[227] SAVITSKY K, VAN VOVEN L, EPLEY N, et al. The unpacking effect in allocations of responsibility for group tasks[J]. Journal of experimental social psychology, 2005, 41: 447-457.

[228] SCHACHTER S, SINGER J E. Cognitive, social, and physiological determinants of emotional state[J]. Psychological review, 1962, 69: 379-399.

[229] SCHIMMACK U, OISHI S, DIENER E. Cultural inferences on the relation between pleasant emotions and unpleasant emotions: Asian dialectic philosophies or individualism-collectivism?[J]. Cognition & emotion, 2002, 16: 705-719.

[230] SCHUBERT T W. Your highness: vertical positions as perceptual symbols of power[J]. Journal of Personality and Social Psychology,2005, 89:1-21.

[231] SCOLLON C N, DIENER E, OISHI S, et al. An experience sampling and cross-cultural investigation of the relation between pleasant and unpleasant affect[J]. Cognition &emotion, 2005, 19: 27-52.

[232] SEAMON J G, PHILBIN M M, HARRISON L G. Do you remember proposing marriage to the Pepsi machine? False recollections from a campus walk[J]. Psychonomic bulltin & review, 2006, 13:752-756.

[233] SELIGMAN M E P, YELLEN A. What is a dream?[J]. Behavior research and therapy, 1987, 25: 1-24.

[234] SERRA M J. Diagrams increase the recall of nondepicted text when understanding is also increased[J]. Psychonomic bulletin & review, 2010, 17(1): 112-116.

[235] SERRA M J. Is metacomprehension for multimedia presentations different than for text alone?[D]. Kent: Kent State University, 2007.

[236] SHERIF M. A study of some social factors in perception[J]. Archives of psychology,1935, 187: 23-35.

[237] SHERIF M.An experimental approach to the study of attitudes[J]. Sociometry, 1937, 1: 90-98.

[238] SHERMAN G D, CLORE G L. The color of sin: white and black are perceptual symbols of moral purity and pollution[J]. Psychological science, 2009, 20(8): 1019-1025.

[239] SHWEDER R A, MUCH N C, MAHAPATRA M,et al. The "big three" of morality (autonomy, community, divinity) and the "big three" explanations of suffering[M] // BRANDT A, ROZIN P. Morality and health. New York: Routledge, 1997.

[240] SIMON H A. A behavioral model of rational choice[J]. The quarterly journal of economics, 1955, 69(1): 99-118.

[241] SIMONS D J,LEVIN D T. Failure to detect changes to people during a real-world interaction[J].Psychonomic bulletin & review, 1998, 5(4): 644-649.

[242] SIMONS D J, CHRISTOPHER F C. Gorillas in our midst: sustained inattentional blindness for dynamic events[J]. Perception,1999, 28(9): 1059-1074.

[243] SINGELIS T M. The measurement of independent and interdependent self-construals[J]. Personality and social psychology bulletin, 1994, 20: 580-591.

[244] SINGH D. Adaptive significance of female physical attractiveness: role of waist-to-

hip ratio[J]. Journal of personality and social psychology, 1993, 65: 293-307.

[245] SINGH D. Female judgment of male attractiveness and desirability for relationships: role of waist-to-hip ratio and financial status[J]. Journal of personality and social psychology, 1995, 69: 1089-1101.

[246] SINNOTT-ARMSTRONG W, YOUNG L, CUSHMAN F. Moral intuitions as heuristics[M] // DORIS J, HARMAN G, NICHOLS S, et al. The Oxford handbook of moral psychology. Oxford, UK: Oxford University Press, 2010.

[247] SLEPIAN M L, WEISBUCH M, RULE N O, et al. Tough and tender: embodied categorization of gender[J]. Psychological science, 2011, 22(1): 26-28.

[248] SNARE F. The nature of moral thinking[M]. London: Routledge, 1992.

[249] SPENCER S J, STEELE C M, QUINN D M. Stereotype threat and women's math performance[J]. Journal of experimental social psychology, 1999, 3: 4-28.

[250] SPENCER-RODGERS J, BOUCHER H C, MORI S C, et al. The dialectical self-concept: contradiction, change, and holism in East Asian cultures[J]. Personality and social psychology bulletin, 2009, 35(1): 29-44.

[251] SPENCER-RODGERS J, BOUCHER H C, PENG K, et al. Cultural differences in self-verification: the role of naïve dialecticism[J]. Journal of experimental social psychology, 2009, 45: 860-866.

[252] SPENCER-RODGERS J, PENG K, WANG L, et al. Dialectical self-esteem and East-West differences in psychological well-being[J]. Personality and social psychology bulletin, 2004, 30: 1416-1432.

[253] SPENCER-RODGERS J, PENG K, WANG L. Naïve dialecticism and the co-occurrence of positive and negative emotions across cultures[J]. Journal of cross-cultural psychology, 2010, 41: 109-115.

[254] SPENCER-RODGERS J, SRIVASTAVA S, BOUCHER H C, et al. The dialectical self scale[Z]. Unpublished manuscript, University of California, Santa Barbara, 2010.

[255] SPENCER-RODGERS J, WILLIAMS M, PENG K. Cultural differences in expectations of change and tolerance for contradiction: a decade of empirical research[J]. Personality and social psychology review, 2010, 14(3): 296-312.

[256] SPENCER-RODGERS J, WILLIAMS M J, HAMILTON D L, et al. Culture and group perception: dispositional and stereotypic inferences about novel and national

groups[J]. Journal of personality and social psychology, 2007, 93: 525-543.

[257] SPIELBERG L, RUTKIN R. The effects of peer vs. adult frustration on boys of middle childhood[J]. The journal of psychology, 1974, 87: 231-235.

[258] SPINA R R, JI L J, GUO T,et al. Cultural differences in the representativeness heuristic: expecting a correspondence in magnitude between cause and effect[J]. Personality social psychology bulletin, 2010, 36: 583-597.

[259] STRACK F, MARTIN L, STEPPER S. Inhibiting and facilitating conditions of the humans smile: a nonobtrusive test of the facial feedback hypothesis[J]. Journal of personality of social psychology, 1988, 54:768-777.

[260] STRAHAN E J, SPENCER S J, ZANNA M P. Subliminal priming and persuasion: striking while the iron is hot[J]. Journal of experimental social psychology, 2022, 38: 556-568.

[261] SUNSTEIN C R. Is deontology a heuristic? On psychology, neuroscience, ethics, and law[J]. Very preliminary draft. 2013, 2: 1-18.

[262] SUNSTEIN C R. Moral heuristics[J]. Behavioral and brain sciences, 2005, 28: 531-573.

[263] TAJFEL H, TURNER J C. The social identity theory of intergroup behavior[M] // WORCHEL S, AUSTIN L W. Psychology of intergroup relations. Chicago: Nelson-Hall, 1986.

[264] TEPER R, INZLICHT M, PAGE-GOULD E. Are we more moral than we think? Exploring the role of affect in moral behavior and more forecasting[J]. Psychological science,2011, 22(4): 553-558.

[265] TESSER A. Toward a self-evaluation maintenance model of social behavior[M] // BERKOWITZ L. Advances in experimental social psychology (Vol. 21). San Diego, CA: Academic Press, 1988.

[266] THOMPSON E, HAMPTON J. The effect of relationship status on communicating emotions through touch[J]. Cognition and emotion, 2011, 25 (2): 295-306.

[267] TICE D M, BAUMEISTER R F, SHMUELI D,et al. Restoring the self: positive affect helps improve self-regulation following ego depletion[J]. Journal of experimental social psychology, 2007, 43, 379-384.

[268] TRIANDIS H C. Culture and conflict[J]. International journal of psychology, 2000,

55: 145-152.

[269] TRIANDIS H C. Individualism and collectivism[M]. Boulder, CO: Westview Press, 1995.

[270] TSUKAMOTO S, HOLLAND E, HASLAM N, et al. Cultural differences in perceived coherence of the self and ingroup: a Japan–Australia comparison[J]. Asian journal of social psychology, 2015, 18: 83-89.

[271] TU M, GILBERT E K, BONO J E. Is beauty more than skin deep? Attractiveness, power, and nonverbal presence in evaluations of hirability[J]. Personnel psychology, 2022, 75(7): 119-146.

[272] TURIEL E. The development of social knowledge: morality and convention[M]. Cambridge: Cambridge University Press, 1983.

[273] TURIEL E. Thought, emotions, and social interactional processes in moral development[M] // KILLEN M, SMETANA J G. Handbook of moral development. Mahwah, NJ: Erlbaum, 2006.

[274] TVERSKY A, KAHNEMAN D. Availability: a heuristic for judging frequency and probability[J]. Cognitive psychology, 1973, 5(2): 207-232.

[275] TVERSKY A, KAHNEMAN D. Judgment under uncertainty: heuristics and biases[J]. Science, 1974, 185(4157): 1124-1131.

[276] WAINRYB C, SHAW L A, LANGLEY M, et al. Children's thinking about diversity of belief in the early school years: judgments of relativism, tolerance, and disagreeing persons[J]. Child development, 2004, 75: 687-703.

[277] WALKER D, VUL E. Hierarchical encoding makes individuals in a group seem more attractive[J]. Psychology, 2014, 25(1): 230-235.

[278] WANG H Z, BATRA R, CHEN Z X. The moderating role of dialecticism in consumer responses to product information[J]. Journal of consumer psychology, 2016, 26(3): 381-394.

[279] WEGNER D M, WHEATLEY T. Apparent mental causation: sources of the experience of will[J]. American psychologist, 1999, 54: 480-492.

[280] WENER R, FRAZIER W, FARBSTEIN J. Building better jails[J]. Psychology today, 1987, 21(6):40-49.

[281] WILLIAMS L E, BARGH J A. Experiencing physical warmth promotes interpersonal

warmth[J]. Science, 2008, 322: 606-607.

[282] WILLIAMS P, AAKER J L. Can mixed emotions peacefully coexist?[J]. Journal of consumer research, 2002, 28: 636-649.

[283] WONG D B. Pluralistic relativism[J]. Midwest studies in philosophy, 1995, 20: 378-399.

[284] WONKYONG B L, NEWBY-CLARK I, ZANNA M P. Cross-cultural differences in the relation between potential and felt ambivalence[C] // Papers presented at the annual meeting of the Society for Personality and Social Psychology. Palm Springs, CA: The Society for Personality and Social Psychology, 2006.

[285] WRIGHT J C. Children's and adolescents' tolerance for divergent beliefs: exporing the cognitive and affective dimensions of moral conviction in our youth[J]. British journal of developmental psychology, 2012, 30: 493-510.

[286] WRIGHTJC. SARKISSIAN H. Folk meta-ethical commitments[M] //ALLHOF F, MALLON R, NICHOLS S. Philosophy: traditional and experimental readings. New York: Oxford University Press, 2012.

[287] YIK M. Culture, gender, and the bipolarity of momentary affect[J]. Cognition & emotion, 2007, 21: 664-680.

[288] YILMAZ O, BAHCEKAPILI H G. Without god, everything is permitted? The reciprocal influence of religious and meta-ethical beliefs[J]. Journal of experimental social psychology, 2015, 58: 95-100.

[289] YOUNG L, DURWIN A J. Moral realism as moral motivation: the impact of meta-ethics on everyday decision-making[J]. Journal of experimental social psychology, 2013, 49: 302-306.

[290] YOUNG L, SAXE R. When ignorance is no excuse: different roles for intent across moral domains[J]. Cognition, 2011, 120: 202-214.

[291] ZECH E, RIMÉ B. Is talking about an emotional experience helpful? Effects on emotional recovery and perceived benefits[J].Clinical psychology and psychotherapy, 2005, 12: 270-287.

[292] ZHAO K, WU Q, SHEN X,et al. I undervalue you but I need you: the dissociation of attitude and memory toward in-group members[J]. PloS One, 2012, 7, 891-912.

[293] ZHAO Q, LINDERHOLM T. Anchoring effects on prospective and retrospective metacomprehension judgments as a function of peer performance information[J]. Metacognition and learning, 2011, 6(1): 25-43.

[294] ZHAO Q, LINDERHOLM T. Adult metacomprehension: judgment processes and accuracy constraints[J]. Educational psychology review, 2008, 20(2): 191-206.

[295] 兰格. 生命的另一种可能: 关于健康、疾病和衰老, 你必须知道的真相[M]. 丁丹, 译. 北京: 人民邮电出版社, 2016: 110-115.

[296] 曹日昌. 普通心理学: 上册[M]. 北京: 人民教育出版社, 1979.

[297] 岑国桢, 顾海根, 李伯黍. 品德心理研究新进展[M]. 上海: 学林出版社, 1999: 1-19.

[298] 陈琦, 刘儒德. 当代教育心理学[M]. 2版. 北京: 北京师范大学出版社, 1997: 404-405.

[299] 陈真. 从约定主义到相对主义: 评哈曼的道德相对主义[J]. 南京师大学报(社会科学版), 2012, 2: 26-35.

[300] 吉布特. 撞上幸福[M]. 张岩, 时宏, 译. 北京: 中信出版社, 2015: 80-90.

[301] 卡尼曼, 斯洛维奇, 特沃斯基. 不确定状况下的判断: 启发式和偏差[M]. 方文, 吴新利, 等译. 北京: 中国人民大学出版社, 2008: 25-32.

[302] 卡尼曼. 思考, 快与慢[M]. 胡晓姣, 李爱民, 何梦莹, 译. 北京: 中信出版社, 2012: 114-150.

[303] 吉诺. 为什么我们的决定常出错[M]. 萧美惠, 廖育琳, 译. 北京: 北京时代华文书局, 2015: 20-40.

[304] 冯建军. 论道德与道德教育范型的嬗变[J]. 华东师范大学学报(教育科学版), 2005, 23: 1-19.

[305] 高鸿业. 西方经济学: 微观部分[M]. 7版. 北京: 中国人民大学出版社, 2018: 35-40.

[306] 郭本禹. 道德发展心理学: 道德阶段的本质和确证[M]. 上海: 华东师范大学出版社, 2004: 45-55.

[307] 韩婷婷. 大学生辩证思维对道德相对主义判断的影响[D]. 北京: 北京师范大学, 2016.

[308] 李其维, 弗内歇. 皮亚杰发生认识论若干问题再思考[J]. 华东师范大学学报(哲学社会科学版), 2000, 32(5): 3-10; 73; 123.

[309] 林崇德. 发展心理学[M]. 杭州: 浙江教育出版社, 2002.

[310] 卢克斯. 道德相对主义[M]. 陈锐, 译. 北京: 中国法制出版社, 2013: 17; 37-46.

[311] 鲍迈斯特, 蒂尔尼. 意志力: 关于专注、自控与效率的心理学[M]. 丁丹, 译. 北京: 中信出版社, 2012.

[312] 格拉德威尔. 眨眼之间: 不假思索的决断力[M]. 靳婷婷, 译. 北京: 中信出版社, 2011: 140.

[313] 赫坦斯登. 以貌取人, 再也不会看错人: 柏克莱心理学家如何用科学观相[M]. 李宛蓉, 译. 台北: 大是文化有限公司, 2014: 4-20.

[314] 迈尔斯. 心理学: 第9版[M]. 黄希庭, 等译. 北京: 人民邮电出版社, 2013.

[315] 欧咏恬, 梁平原, 陈潇, 等. 讨好型人格量表的编制[G] // 第二十三届全国心理学学术会议摘要集. 北京: 中国心理学会, 2021.

[316] 彭凯平, 喻丰, 柏阳. 实验伦理学: 研究、贡献与挑战[J]. 中国社会科学, 2011(6):15-25.

[317] 彭凯平, 喻丰. 道德的心理物理学: 现象、机制与意义[J]. 中国社会科学, 2012(12): 28-45.

[318] 彭凯平, 钟年. 心理学与中国发展: 中国的心理学向何处去?[M].北京:中国轻工业出版社,2009.

[319] 布朗 J, 布朗 M. 自我[M]. 王伟平, 陈浩莺, 译. 2版. 北京:人民邮电出版社, 2015: 14-18.

[320] 孙春晨. 耸人听闻的"道德崩溃论"[J]. 人民论坛, 2012, 2: 2.

[321] 田林. 中美文化背景下思维方式对决策过程中错误类型的影响[D].北京: 清华大学, 2014.

[322] 王印红, 吴金鹏. 对理性人假设批判的批判[J]. 重庆大学学报(社会科学版), 2015(6): 193-199.

[323] 谢熹瑶, 罗跃嘉. 道德判断中的情绪因素: 从认知神经科学的角度进行探讨[J]. 心理科学进展,2009, 17(6): 1250-1256.

[324] 辛自强, 周正. 大学生人际信任变迁的横断历史研究[J]. 心理科学进展, 2012, 20(3): 344-353.

[325] 杨韶刚. 从道德相对主义到核心价值观[J]. 教育研究,2004(1): 32-37.

[326] 杨深. 从道德虚无主义走向道德秩序重建[J]. 哲学研究, 1995(5): 28-32.

[327] 喻丰, 彭凯平, 董蕊, 等. 道德人格研究: 范式与分歧[J]. 心理科学进展, 2013(12): 2235-2244.

[328] 喻丰, 彭凯平, 韩婷婷, 等. 道德困境之困境: 情与理的辩争[J]. 心理科学进展, 2011, 19(11): 1702-1712.

[329] 里奇, 戴维提斯. 道德发展的理论[M]. 姜飞月, 译. 哈尔滨: 黑龙江人民出版社, 2002: 5-20.

[330] 张言亮, 卢风. 道德相对主义的界标[J]. 基础理论研究, 2009(1):26-29.

[331] 张治忠, 马纯红. 皮亚杰与科尔伯格道德发展理论比较[J]. 扬州大学学报(高教研究版), 2005, 9(1):71-75.

[332] 朱小蔓. 面对挑战: 学校道德教育的调整与革新[J]. 教育研究, 2005(3): 4-12.